U0179545

图书在版编目（CIP）数据

窑炉与烧成 ：从柴窑和柴烧讲起 / (美) 林赛・欧斯特里特 (Lindsay Oesterritter) 著 ；王霞译. -- 上海 ：上海科学技术出版社，2021.6（2024.2重印）
（灵感工匠系列）
书名原文：Mastering Kilns & Firing--Raku, Pit and Barrel, Wood Firing, and More
ISBN 978-7-5478-5375-7

Ⅰ. ①窑… Ⅱ. ①林… ②王… Ⅲ. ①陶瓷一烧成(陶瓷制造) Ⅳ. ①TQ174.6

中国版本图书馆CIP数据核字(2021)第108134号

窑炉与烧成——从柴窑和柴烧讲起

［美］林赛・欧斯特里特（Lindsay Oesterritter） 著
王 霞 译

上海世纪出版（集团）有限公司
上 海 科 学 技 术 出 版 社 出版、发行
（上海市闵行区号景路159弄A座9F-10F）
邮政编码 201101 www.sstp.cn
上海中华商务联合印刷有限公司印刷
开本 889×1194 1/16 印张 12
字数 350千字
2021年6月第1版 2024年2月第2次印刷
ISBN 978-7-5478-5375-7/J・60
定价：198.00元

窑炉与烧成

——从柴窑和柴烧讲起

[美] 林赛·欧斯特里特
(Lindsay Oesterritter) /著
王　霞/译

序

初学者刚接触陶艺时，很难意识到这门学科的全部内容。将一块无明确形状的黏土塑造成型已属不易。而接下来，如何将坚硬的坯体烧制成理想中的效果更是难上加难。黏土只有经过火的历练，才能具备实用性或者持久性。简而言之，我们可以将其简单地描述成：黏土+火=陶瓷。这个等式中的第二个元素，火，即是本书的主题。

生活在便捷的现代社会中，陶艺人可以购买电窑烧制陶艺作品。事实上，在英语中被称为热处理烧成（Heat Treatment Firing）的烧制方式非常重要。电窑虽然很方便，但也有很多局限性。很多陶瓷工艺只有在火的作用下才能呈现出更加绮丽的外观。林赛·欧斯特里特（Lindsay Oesterritter）在其陶艺生涯早期便意识到了这一点，她建造窑炉并使用木柴烧窑。其多年的研究、试验对她的陶艺作品产生了深远的影响，没有这些也就没有本书的问世。

我从高中时代开始学习陶艺，以木柴作为燃料烧制我的作品。对柴烧历史的迷恋和对火的兴趣激励着我的创作。有着同样爱好的朋友们聚集在一起观察窑火、搅动燃料、讲述自己的故事。当然，在陶瓷史上，木柴和其他植物也是唯一可用的燃料。某些植被贫瘠的地方（例如中国北部地区）的制陶者将煤炭作为燃料，但若追溯其根源，煤炭亦来源于植物。煤炭不仅推动了工业革命，同时也是深受西方制陶者青睐的燃料。石油作为陶艺燃料兴起于19世纪末期，电作为陶艺燃料被普及开来则是在20世纪之后的事了。

大约35年前，在犹他州立大学任教时，我的首要任务是购买一台窑炉。除了预算不足之外，彼时的我也试图开设一门新课程，所以柴烧是个不错的选择。有一点我很清楚，学生们即便是使用与柴烧前辈们用过的相同的烧制方法，其作品的外观效果也是有区别的。柴烧不仅仅是对陶瓷制品进行热处理，它成功与否取决于一系列复杂的因素。将柴窑作为教学道具很有效，因为它能激发学生深入理解和探讨柴烧的相关问题的兴趣。

柴烧让学生们对其所做工作的价值有了更加深刻的理解——他们认识到为了使作品具备永久性必须付出劳动。他们通过实践学习到要烧制一个咖啡杯所需的热量（以cal及BTU为单位）及其烧成时长。上述两项因素极其重要。当人类耗尽地球上的所有矿藏时，可再生资源将是我们唯一的选择。木柴作为一种可再生能源，在可预见的未来似乎仍将是可供选择的燃料。

将木柴作为乐烧、坑烧、桶烧的燃料，最主要的原因是其审美性。迈克尔·卡杜（Michael Cardew）在其著作《先锋陶艺家》一书中写道："柴烧的颜色、质地和深度等方面具有一定的微妙之处，如果处理得当的话，可以令陶艺作品呈现出令人惊叹的视觉效果。我虽知道用其他燃料亦能让作品呈现出类似的外观，但用木柴更容易达到这种效果。"许多表面肌理和颜色是其他燃料无法实现的。本书不仅详细介绍了多种窑炉的建造及其烧制方法，还能让读者对陶艺有更加深刻的认识：黏土+火+诀窍=美丽的陶瓷。尽管精通窑炉与烧成堪称一项终生性的工作，但在林赛·欧斯特里特的指引下，热爱陶艺的广大同行们定会在更短的时间内学有所成。

——约翰·尼利（John Neely）

陶艺家兼教授，犹他州立大学

前言

为了维持生计，我在自家后院里建造了一座柴窑。由于我的烧成方式非常特殊，所以无法和其他同行合作烧窑。我从这座窑炉上获得的回报完全出乎意料。除了感受到成功烧制作品所带来的满足感之外，我还惊喜地发现，这座窑炉对社区也做出了不少贡献。

建筑窑炉从搭建木质框架开始。我丈夫的父亲和继母花费数个星期凿木料，所以这部分工作得益于家庭成员及朋友的帮忙。因为我们家是新搬来的，所以我决定把建造窑炉框架办成一场聚会——既可以通过这种方式了解邻居，也可以让他们帮忙完成繁重的工作。建造窑炉的主力军是我和我的好朋友——建窑工人泰德·尼尔（Ted Neal），还有当地的一些志愿者。第一次烧窑结束后，我将自己做的杯子作为答谢礼品送给所有帮过忙的邻居。这种社区聚会方式的烧窑活动一直持续至今。每次烧窑的时候，我都会邀请朋友和邻居来参观。我从邻居那里得到了很多新燃料，他们会把刚刚砍倒的橡树送给我，或者把某木柴销售商推荐给我。

无论想要建造何种类型的窑炉，还是想要探索烧成方法，最好去培养出一个创客群体（创客之友）。柴烧及以木柴为燃料的创意型烧成需要多关注窑炉，在烧制的过程中需要多一点耐心，只有真心热爱这项工作才能获得成功。撰写本书是为了让包括初学者和有一定经验的陶艺师深入了解窑炉与烧成。除了我自己常年制作、烧成的经验之外，书中还收录了很多业界大师级陶艺家的代表性作品，他们的独特工艺和材料展示了烧成的无限潜力和可能性。

我将介绍多种烧成方法，包括乐烧、坑烧、桶烧和柴烧。相关章节以步骤为基础逐步深入，其目的是帮助初学者避免犯错。本书的目标是为广大读者提供指引，帮助你走上成功烧成之路！除此之外，我还将介绍窑炉设计基础知识，以便帮助大家了解和正确使用遇到的各类窑炉。如果你打算建造一座属于自己的窑炉，正为如何设计它而感到发愁，那么请参考书中一些设计和建造窑炉时会面临的实际问题的章节。在最后一章中，我将介绍一些特殊的窑炉及其烧成方法，你可以在工作室内尝试一下。

希望读者读完本书后可以在脑海中构建出更多简单易行、令人兴奋的烧成方法和想法。无论你使用自己的窑炉，还是所在地某间工作室的窑炉，我都鼓励你学习烧窑。通过多次尝试可以掌握烧成方法，逐步获取经验并创作出丰富多彩的陶艺作品。学习的过程就像一场愉快的旅行，相信你一定会得到很多人的帮助。

目　录

第一章

准 备 工 作

在我们深入探索窑炉和烧成之前，先学习一些重要的基础知识。毕竟，对于初学者而言，就连专业术语都是令人困惑的！乐烧、坑烧和桶烧均指烧成类型。柴烧既指烧成类型，也指燃料类型。当乐烧、坑烧和桶烧以木柴作为燃料时，也可以将其视为柴烧。为什么会得出这种结论？在这里先讲明一点，本章将介绍木柴的采购和储存。该内容适用于那些想要深入探索柴烧或以木柴为燃料的创意型烧成的同行。木柴是一种很容易获得的燃料，适用于本书中讲到的所有烧成方法。

本章会介绍基础安全知识，以及一些在烧窑过程中需要考虑的注意事项。我将介绍如何为某件作品量身制备坯料，内容包括迈克尔·亨特（Michael Hunt）和娜奥米·达格利什（Naomi Dalglish）制备、加工黏土的特殊技法。除此之外，还包括如何制作测温锥组件、如何清洁陶艺作品、一些好用的作品陈列架和陶艺工具推荐，以及采购和储存木柴时的注意事项。

基础安全知识

无论使用哪一种烧成方法，都得把安全放在第一位。首先，每一个参与烧窑的人都得穿上适合烧窑的衣服。我在课堂和工作室墙壁上粘贴了一份烧窑着装要求列表：天然纤维（羊毛、麻、竹子和棉花）面料、长袖、佩戴皮手套或者电焊手套、准备一条大毛巾和一双包趾鞋。但总有人对这份清单视若无睹，他们会穿着涤纶上衣、合成纤维长裤或者露趾鞋来烧窑。遇到这种情况时，我一定会要求他们回家换衣服。

A 电焊手套
B 护膝
C 电焊眼镜
D 皮手套

克里斯·兰德斯（Chris Landers）将封堵窑炉侧壁观火孔的砖放回原位。

诸如涤纶、尼龙之类的人造材料遇到火之后会熔融后粘在皮肤上，进而造成严重烧伤。穿由棉花之类的天然纤维制成的衣服极其重要，必须加以重视。如果你对烧窑感兴趣的话，我相信，总有一天你会为穿了合适的衣服而感到庆幸。我能断定你总会在烧窑时遇到一些无视服装标准的人，他们极有可能穿着涤纶衣服来烧窑。我建议强制这些人换了衣服再来。

以下是一些在烧窑过程中必须注意的事项：

- 将长发梳到脑后并塞进围巾里。
- 手边准备一瓶饮用水。
- 往窑炉内部投放木柴时，必须佩戴皮手套和/或电焊手套。
- 窑场附近若有劈木柴的斧头，不使用时务必在斧刃上套一个保护套，或者将其存放在远离工作场地的地方。
- 在烧窑的过程中，不要将喷灯（或其他点火设备）放在窑炉旁边。
- 观测窑温时务必佩戴电焊眼镜。
- 佩戴P100或者N95型防尘口罩。
- 将未燃尽的木柴储存在镀锌金属容器中，确保氧气可以进入容器内部。坑烧结束后，如果还有未燃尽的木柴，最好用水将其浇灭。
- 夜间烧窑时需有足够的照明。
- 准备一个急救箱。
- 准备一个灭火器和水龙带（条件容许的话）。
- 掀开窑盖或者添加木柴之前，先与一起烧窑的伙伴沟通。

使用任何一种材料和设备时，确保知晓其安全操作方法并采取预防措施保护眼睛、耳朵、肺和手。参与烧窑（负责或者轮班）时不宜饮酒。要知道这已经是在玩火了，别让它变得更危险。

工作室周边环境安全知识

确保工作室和窑炉是安全的。你必须知道距离最近的灭火器放在什么位置（以及使用方法），准备一个急救箱和一条供水软管。如果消防部门有要求的话，那么应该在烧窑之前打电话通知他们一声，除此之外还得通知邻居们，以防止他们在不知情的情况下报火警。

选择在什么时候烧窑，取决于居住地及天气状况。夏季天干物燥，极易引发火灾，而冬季气温过低、空气质量太差，这些情况都不适合烧窑。烧窑前必须查看天气预报。你所在地可能有季节性消防限制和规定，这些都是需要了解和遵守的。这些限制和规定的影响可能会因你想尝试的烧成类型（明火——坑烧；暗火——砖砌窑炉）而有所区别。

更多安全设备推荐

护目镜：适合于任何场合，可以有效保护眼睛——特别是当清洁作品及陈列架、劈木柴或者往窑炉中添加锯末时，粉尘及其他碎屑极有可能进入眼睛。

电焊眼镜：当观察窑火时，炽烈的光线会伤害眼睛。普通太阳镜并不适合，原因是它不能阻隔烧窑过程中产生的红外线和紫外线。应该选用电焊眼镜、护目镜或者能遮挡整个面部的电焊面罩。针对不同类型的窑炉，有些烧窑者还会涂抹防晒霜，因为它也能起到保护皮肤的作用。

耳塞：用电锯锯木柴或者使用角磨机时需佩戴隔音耳塞，把耳朵保护好，以免听力受损。对作品的外表面进行打磨处理时，也应该佩戴隔音耳塞。

护膝和腰背矫正带：当窑炉的体量较大或者采用坑烧法烧制陶艺作品时，佩戴护膝或者在膝盖下面垫一块垫子可以有效弱化装窑过程中膝盖所受的压力。根据身体情况选择一款腰背矫正带。在装窑及出窑的过程中，需要一次次地弯腰、转身或者端拿沉重的窑具。上述动作都会给腰背部带来压力。

防尘口罩：当置身于乐烧过程中挥发出来的浓烟中或者置身于清洁作品、陈列架、窑炉时产生的粉尘中时，必须佩戴防尘口罩。这类口罩是可以多次使用的，防尘口罩尺寸各异。确保口罩与脸型完美贴合。需要注意的是，如果留着胡子的话，那么其防尘效果会大打折扣。

电锯：使用电锯时，一定要做到谨慎再谨慎。务必让电锯始终保持其最佳工作状态，并保证使用者熟知其正确使用方法。多人共用一把电锯时，每次使用之前必须仔细检查、清洁链条并为链条上油。如果拥有一把自己的电锯的话，一定要好好地保养它。

黏土

很多由柴烧及以木柴为燃料的创意型烧成创作的陶艺作品外表面上很少施釉或者完全不施釉，黏土本身的颜色和质地就是作品外观的呈现。同时，大多数制造商生产的黏土并未标出是否适用于上述烧成方法，或者说明确指出适用于乐烧及柴烧的黏土类型非常有限。基于上述原因，很多初学者觉得要想从众多黏土中找到适宜的类型很难。但与此同时，这种情况也激励着爱好者探寻制备适宜坯料的方法，这样既能为烧制过程增添一份趣味性，也能令作品呈现出独特的美感。陶艺家们自创的方法包括将数种不同类型的黏土混合在一起、添加粗质材料和购买来的原料干粉或者在其所在地寻找、挖掘、加工可供使用的黏土。可以将从自然界中挖掘的黏土与购买的黏土混合在一起，作为化妆土或者坯料添加剂。如果幸运的话，从自然界中挖掘的黏土无需添加任何材料也能直接使用。关于制备坯料，希望大家可以测试不同制造商生产的各类黏土，或许其中一种正是你梦寐以求的。如果没有现成的黏土可用，那就想办法制备出适合作品需求的混合型坯料。

这种石英骨料——有时被作为鸡砂使用——是一种常见的坯料添加剂，可以起到丰富作品外观、肌理及提升坯体强度的作用。

我刚开始学习陶艺时，作为陶瓷学院的技术人员通过勤工俭学支付学费。除此之外，我还为初级班和中级班制备了数吨坯料。时至今日，在机械设备的辅助下，我可以轻轻松松地为作品量身制备坯料，不断研发釉料，努力提升生活和工作质量。关于我使用的黏土，最常被问到的问题是它们是否是我从居住地挖掘的。我是否会使用居住地的黏土，取决于我在什么时候，什么地方生活。但我从来没有使用过未掺杂任何添加剂的天然黏土。我喜欢制备过程中黏土外表面上呈现出来的丰富变化，所以常会在居住地挖掘几桶黏土备用，有时间的时候再对其进行加工及测试。

撰写本书时，我使用的是商业生产的黏土，因为工作室太小了，无法同时兼容创作区域和坯料制备区域。虽然在商业黏土的基础上研发新坯料也很有趣，但也存在局限性——第一，过于费时；第二，很难对其成分进行检测。基于上述原因，我通常只会通过掺杂添加剂的方式改变其原始颜色或者质地。由于还没有精确测算出坯料配方中各类物质的添加量，所以我还在慢慢地调整配方，使它呈现出更加完美的烧成效果。

如果想借助商业生产的黏土或者黏土干粉制备坯料，用割泥线切割及手工揉泥这两种方法都不错。切割法：借助割泥线将黏土块A和黏土块B切割成薄片，和切割面包差不多。从黏土块A上取下一片，再从黏土块B上取下一片，然后将二者叠摞起来，如此番交替叠摞，直至将其塑造成一个由上述两种黏土交错叠摞的大泥块为止。Ⓐ先将大泥块拿起来，然后轻轻地从各个方向滚压其外表面，直至其外形恢复成方形。然后借助割泥线将其从正中间分成两半，确保切割方向与两种黏土的叠摞方向相垂直。Ⓑ将两个黏土块叠摞起来，

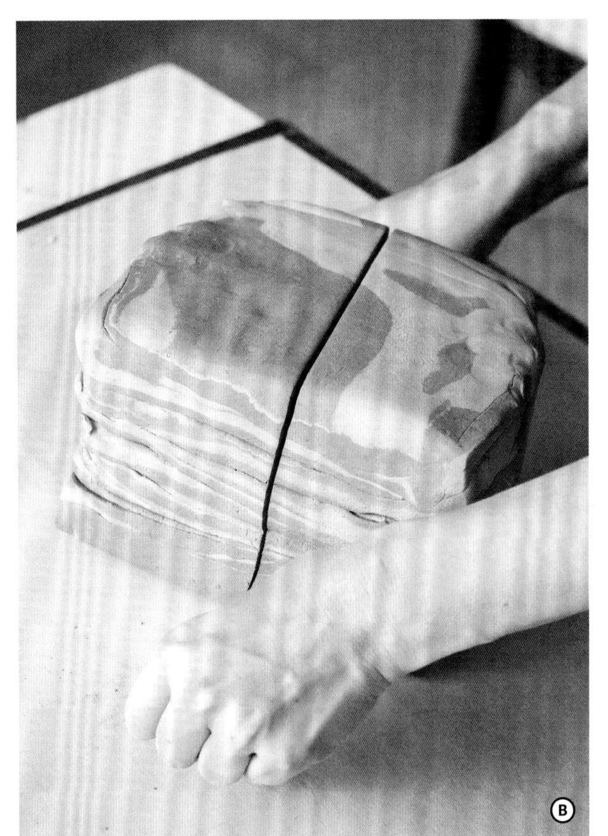

然后轻轻地将其向下按压数次，直至其外形恢复成方形。重复上述步骤，直到对两种黏土的混合效果感到满意。重复的次数越多，创建的层数就越多，两种黏土的混合程度也就越深。Ⓒ最后，借助传统的螺旋形揉泥法或者牛头形揉泥法将其仔细揉制一遍。这种方法适用于制备小批量的坯料。我认识的陶艺家用两种（或者更多种）黏土制备大剂量的坯料时，通常会借助练泥机完成上述工作。

另一种简单的混合黏土的方法是将其粉碎后调配成泥浆（这也是一种回收黏土的好方法）。首先，将想要混合的黏土放进一个桶中并添加足量的水。水的添加量以没过黏土顶端为宜。将黏土浸泡成糊状，此过程至少需要花费一天的时间。然后，借助虹吸法将黏土溶液顶部的多余水分吸出来，用电动搅拌机搅拌，直到其充分调和并呈奶油状。之后将黏土溶液晾干。其中最重要的一点是要找到一个面积足够大的工作台，以便让黏土溶液更快、更均匀

地干燥。两种最常见的固化黏土溶液的方法：一种是将黏土溶液倒在一块上表面微微下凹的石膏板上；另外一种是将黏土溶液倒进一个由织网建造的容器中（参见陶艺家迈克尔·亨特和纳奥米·达格利什制备坯料的方法）。第一种方法——用石膏板固化黏土溶液时，石膏板从下侧吸收水分，空气从上侧吸收水分。如果同时使用浅色和深色黏土，建议为每种颜色的黏土各准备一块石膏板。不然，当用这种方法回收浅色黏土时，它一定会被深色黏土污染到。第二种方法——在木质框架上绷一层窗纱并在其内部铺一层纺织品，将容器支撑起来。用这种方法固化黏土溶液时，水从容器底部滴落，空气可以在其周围循环。无论是采用上述两种方法中的哪一种，都可以在黏土溶液的上表面上铺一块吸水布料，以确保其均匀干燥。在其干燥过程中，是否需要旋转或者移动黏土溶液取决于其厚度及当时的气候。时不时地旋转或者移动黏土溶液，可以防止其顶部和底部变得太干，而其内部仍处于泥浆状。通过实践你会发现，只有当黏土内部仍保留一定水分时，才具有最佳的可塑性。

迈克尔·亨特（Michael Hunt）和娜奥米·达格利什（Naomi Dalglish）｜天然黏土

我们将两种不同类型的天然黏土放进桶中，添加水，然后借助电动搅拌机将其搅拌成质地均匀的泥浆。图片由艺术家本人提供。

创作过程中的每一个步骤都是探索审美和艺术表达的机会。当作品塑型完成时，就要决定采用何种方法烧制了。在创作的过程中，可以采用适宜的成型方法塑造器型。当感到不满意时，还可以重新来过。

黏土是我们最熟悉的材料，值得深入研究。我们第一次体验从自然界挖掘的天然黏土，是因为特别喜欢古老的民间陶罐所具有的粗犷美感。这些陶

借助泵将黏土溶液抽进由布料、窗纱和木质框架制作而成的晾泥容器中，当底层容器装满后，往其上面叠摞更多容器。摄影师：奥康纳（D. O'Connor）。

迈克尔·亨特（Michael Hunt）和娜奥米·达格利什（Naomi Dalglish），碗，柴烧。图片由艺术家本人提供。

罐是在特定环境中创造出来的，其成型方式及器型都是制陶者们根据天然黏土的特性逐渐发展、演变而来的。每一种黏土都有其自身的特性，既有一定的局限性，也有相当的可探索性。质地粗糙的黏土可能不适用于拉制水罐，但用雕刻技法修饰时却能展现出极其美丽的肌理。质地非常细腻的黏土可以翻印出制陶者的指纹或者吸收窑炉中的草木灰，进而呈现出极其绚丽的釉面效果。陶艺师对天然黏土的态度就像对待舞伴一样：双方努力找寻协调一致的步伐。

借助天然黏土制备陶艺坯料的方法多种多样：将形态各异的沙子与黏土揉在一起；从大自然中找寻并挖掘不掺杂任何添加剂就可以使用的黏土；通过再加工的方式将天然黏土制作成个性化陶艺坯料。由于所有材料都有不同的熔点、收缩率和吸水性，所以用这些材料制备大批量的坯料或者创作陶艺作品之前，必须对其进行测试，这一点很重要。坯料由所在地的两种天然黏土混合而成：一种是从附近的高山里挖掘的质地粗糙的红色黏土（50%），另外一种是从远离山脚的河床附近挖掘的可塑性极好的灰色黏土（25%）。这种混合型坯料在低温烧成环境中很难熔融，必须通过添加长石的方式促使其玻化。除此之外，往坯料内添加少量球土、沙子、二氧化硅也可以有效提升其持久性和坯釉兼容度。由此引出了一个重要而有趣的问题：我们应该采用何种方法才能让天然黏土满足陶艺作品的功能需求？应该怎样做才能适应并合理利用天然黏土的美丽特性（以及局限性）？

测温锥组件

测温锥组件用于测量窑炉内部特定区域的烧成温度。之所以说它伟大，是因为测温锥组件由黏土制成，可以让烧窑者了解到黏土在时间和温度的组合作用下会产生何种反应。例如，如果将窑温维持在7号测温锥的熔点温度长时间不变，例如5～8小时，那么在这8个小时内，即便不将窑温提升到超过7号测温锥的熔点温度，窑温亦能达到8号甚至9号测温锥的熔点温度。也就是说，当长时间维持低温烧成时，黏土亦可达到高温烧成的品质。

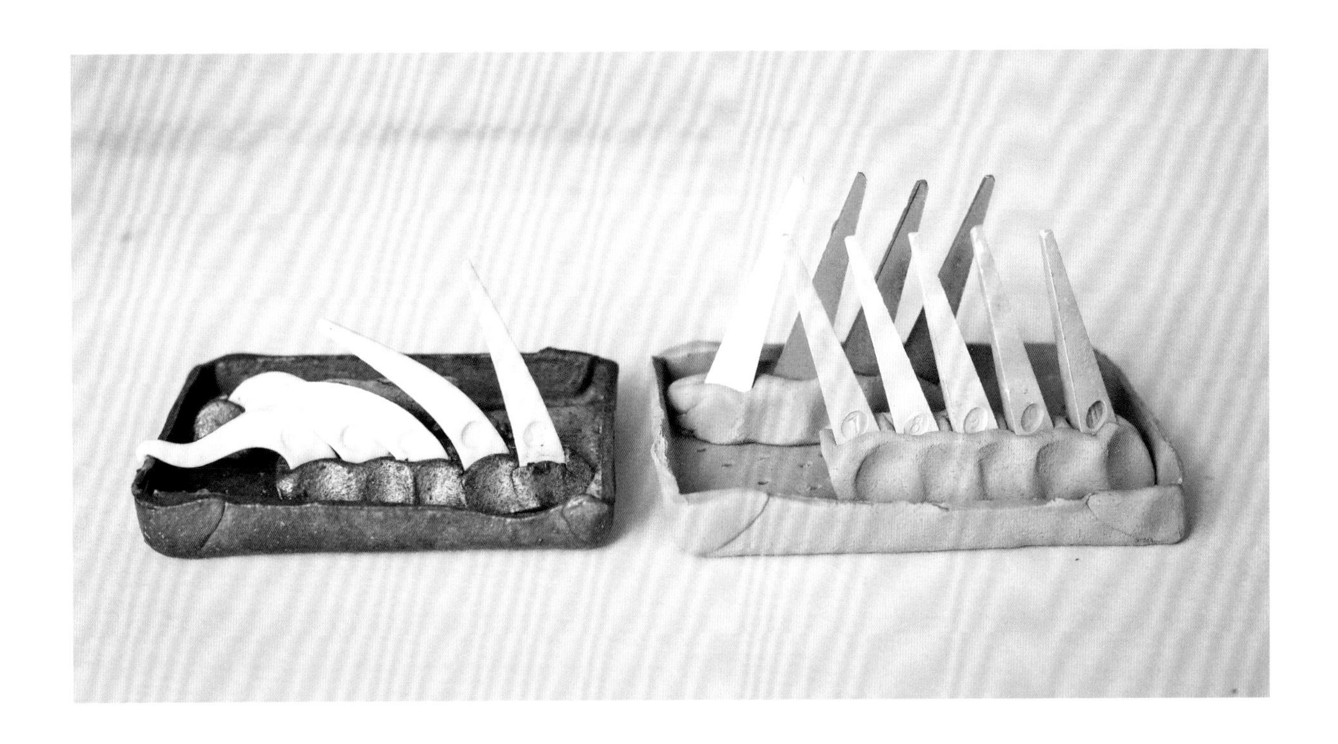

除了上述作用之外，测温锥还能让烧窑者了解到窑炉内部各区域的烧成温度是否均匀分布。可以在窑炉内部不同区域内各放置一个目标温度测温锥，有些测温锥在烧窑的过程中就可以看到，而有些测温锥只有在出窑时才能看到。通过观察这些放置在不同区域的目标测温锥就可以了解到整座窑炉内部的烧成温度是否均匀分布。这种方法尤其适用于体量较小的电窑和气窑，因为用上述窑炉烧制陶艺作品重点在于解决釉面烧成缺陷或者像乐烧重点在于以特定的温度烧制作品。

编号为022的测温锥熔点温度最低，编号为14的测温锥熔点温度最高。每一个测温锥都会在特定烧成温度下熔融。其具体熔融温度取决于采用的烧成类型和预定烧成温度，测温锥组件由熔点不同的多个测温锥组合而成。所谓的“组件”既可以是一个测温锥，也可以是多个测温锥，其具体数量不限，只要能提供有效的烧成温度信息即可。刚开始使用时你或许会觉得其测量结果并不是特别准确，但随着烧成经验的不断提升，你会渐渐离不开它。有一点很重要，必须将测温锥组件放在窑炉内部便于观察的位置上，把构成组件的所有测温锥放进一个由黏土制成的底盘中（也被称为船），这样做是为了防止测温锥熔融粘到硼板上。

注意：商业生产的测温锥都是两个一组的。在使用之前将两个粘在一起的测温锥掰开。操作过程并不难，但刚开始时确实需要练习。将左手拇指放

在左侧测温锥的顶部，将右手拇指放在右侧测温锥的顶部。轻轻施力向下掰，如上图所示（别担心，几乎每一个人刚开始尝试时都失败过）。不建议大家使用破损的测温锥测试窑温。多试几次！相信你一定能掌握窍门。

如何自制测温锥组件

首先，为测温锥组件制作底盘。先擀一张薄薄的泥板，尽可能将其擀至最薄，只要端拿时不破损就好。擀好泥板后，将其切割成比半块窑砖略大（8 ~ 10 cm）的尺寸。先将泥板放在半块窑砖上，然后将其四周压下去。Ⓐ待泥板硬化到一定程度后，将其四周切割成高度约为0.6 ~ 1.3 mm的侧壁。Ⓑ

切好侧壁后，轻轻地将其从半块窑砖上拿起来，放在桌子上，用刀子或者针状工具在其底面上戳一些洞。Ⓒ Ⓓ洞要贯穿式的，然后将其静置一旁晾干。我之所以将其侧壁切割成上述高度，是因为此高度不仅便于观察测温锥，还足以容纳测温锥的熔融物。在其底面上戳洞是为了帮助它均匀干燥，同时还可以有效降低其在烧制过程中的爆裂风险。这一点很重要，因为即便是素烧，对于测温锥而言，它也是初次承受窑温。在烧窑的过程中，测温锥组件爆裂是相当糟糕的事情。它会破坏与之相

A

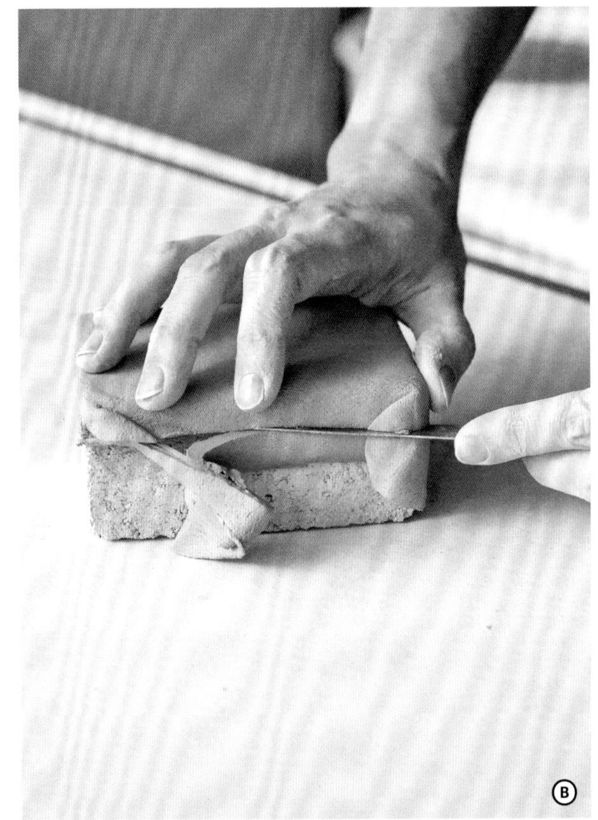
B

C

D

E

F

邻的陶艺作品。除了在底座上戳洞之外，我还强烈建议大家提前几天制作测温锥组件，以确保它在使用时已经彻底干透。

按照从低温到高温的顺序，将测温锥插成一排或者两排，每一排上的测温锥数量接近或者相等均可。例如，在柴窑里放置的测温锥组件可由两排测温锥组成。第一排测温锥的标号依次为08号、1号、3号、5号；第二排测温锥的标号依次为7号、8号、9号、10号、11号。（建议将单排测温锥的数量控制在5个以内）

然后，将测温锥依次插在一根细泥条上。泥条的粗细程度以刚好能容纳测温锥为宜。借助以下方法检查测温锥的插入方式是否正确：先将测温锥平放在桌面上，让其底部贴合桌面，此时测温锥呈轻微倾斜状。确保让所有测温锥都朝向同一个方向且将编号最低的那一个测温锥放在行末位置。将测温锥插入泥条时，轻捏泥条，让测温锥的底部彻底没入泥条中，插好一个再插下一个。待所有测温锥全部插入泥条后，用刀子将剩余的泥条切断。Ⓔ完成上述工作之后，将其放入黏土底座中，让二者同步干燥。确保底座两侧有足够的空间，以便容纳测温锥的熔融物，两排测温锥的摆放方向要相反。Ⓕ之所以这样摆放是因为窑炉内部的能见度很低，只有这样摆才能清楚识别两排测温锥的熔融状态。只在底座内摆放单排测温锥时，建议将底座的宽度缩减一些。

其他类型的测温锥组件

除了上述方法之外，还可以采用其他方法制作测温锥组件。需要注意的是，得将测温锥组件放置在便于观察的位置上，不能让组件中的测温锥粘在一起或者粘在硼板上。用于制作底座的材料还包括纤维板（厚度为2.5 cm）及耐高温纤维，上述两种材料都是建造窑炉时剩余的边角料。用这两种材料制作底座时，既可以将测温锥直接插入其中，也可以先在其表面上挖一个凹槽，然后再将测温锥插进去。最后，切割出底座部分，并在四周预留出足以容纳测温锥熔融物的空间。只要上面没残留过多熔融物就可以重复使用这个底座。如果打算为乐烧窑做测温锥组件，那么建议尝试上述材料，因为它们制作简单且很适合素烧。（在乐烧窑中使用未经烧制的生黏土底座非常危险）

注意：市面上出售自支撑式测温锥。如果只需要一个测温锥的话，可以选用这种测温锥。但出于安全考虑，还是建议为其制作一个底座，因为即便是自支撑式测温锥也有可能熔融倒塌。意外总是在所难免的！

清洁

这是烧成前的最后一个步骤，相当于就餐前的准备工作。将每一件作品仔细地清洁干净，你会在此过程中发现每一件作品的微妙之处和独特美感。清洁可能需要花费数小时或者数日，具体时长取决于窑炉类型及其烧成过程。不管时间长短，此项工作都很重要。清洁硼板能让你更加全面地了解每一件作品并精确预测其最终的烧成效果。

用金刚石砂轮打磨器皿的底足。

清洁作品

在清洁作品的过程中你会感到很快乐，而当清洁工作完成后会收获更多快乐。这是真正了解自己作品的时刻，你可以近距离地看到它们的美丽及缺陷。以下是清洁作品的方法，既包括强硬的手段（强力去除），也包括温柔的手法（用温和的肥皂水清洗）。虽没有必要将下述所有方法同时用在一件作品上，但是总会用到其中的某一种。我从其他手工艺中了解到很多新型清洁工具，但本书不会对其方法和工具展开叙述，只会介绍适用于清洁陶艺作品的各种工具和方法。（正如前文中讲到的那样，在打磨、切割、抛光作品时会产生大量粉尘，务必全程佩戴防尘口罩和护目镜！）

学会取舍：不要将时间浪费在那些你认为不值得的作品上。也许这样有些苛刻，但俗话说，将就不如讲究。有些时候，最好的决定就是放手。

台式磨床：这种设备的伟大之处是可以将粘在作品外表面上的填充物打磨干净。将绿色磨石和轮砂机组合在一起很好用。在打磨作品的过程中会产生大量浮尘，建议大家尽量在室外操作，避免在工作室内形成扬尘环境。由于这种设备的打磨速度特别快，所以操作者务必要做到眼疾手快，稍有松懈就会将作品的外表面打磨坏。

清洁作品时使用的工具

A 点磨机
B 碳化硅块
C 抛光垫片（达美牌）
D 金刚石打磨垫80 ～ 800目
E 磨砂海绵
F 砂轮
G 金刚石砂轮
H 绿色磨石钻头
I 尖锐的石头
J 干/湿砂纸
K 网格状砂布

砖石凿： 如果柴烧作品的外表面上粘着一块熔融的填充物，那么借助木槌（或者铁锤）和砖石凿可以很方便地将其清除掉。必须将凿子放在作品的上方，朝着坯体的中心点凿。虽然这种方法效果不错，速度也很快，但操作不当时很容易将作品连同填充物一并凿出去。

打磨工具： 这种工具是我目前最常使用的，适用于将粘在作品外表面上的填充物或者其他硬质残片去除掉，当黏结物的体量较大时，单靠砂纸是无法将其彻底清洁干净的。这种工具配备多种钻头（在我的工作室里放着一个装满钻头的大碗），但我最常使用的两种钻头是直径为1.3 cm的绿色磨石钻头和金刚石切割钻头。先用金刚石切割钻头沿着填充物的底部将其切割下来并敲碎，然后用绿色磨石钻头将残留的填充物彻底清理干净。注意：用金刚石切割钻头打磨填充物时，只要摩擦温度不高，其使用寿命就很长。我的方法是一边打磨一边喷水，水不但可以起到降温作用，还能有效避免扬尘。

使用打磨工具时，须时不时地休息一下。当使用不同类型的工具或者当工具被安装了挠性轴时，使用者会感觉到不同程度的振动。当手经历长时间的振动后，极易引发神经损伤。使用完这种工具，感觉手指很刺痛，就说明工作时间太长了。除特殊情况之外，只需定期休息就可以避免上述问题。

碳化硅： 可以购买一台碳化硅磨底机，该设备的适用范围非常广泛。手持式碳化硅棒或者碳化硅块可以很方便地将作品外表面上的凸起物打磨掉，而粉末状碳化硅适用于打磨盖座：先将粉末状碳化硅撒在盖座上，加一点点水，然后将盖子放到盖座上轻轻旋转，直到二者间的缝隙足够光滑为止。

磨石： 类似于碳化硅块，适用于打磨作品外表面上的单个凸起物。

木质陶拍： 当作品外表面上粘了深度熔融的填充物或者当盖子与器皿的口沿粘在一起时，有些时候只需借助木质陶拍对着上述部位轻轻敲击几下就可以解决问题。敲击位置应当为其顶部，而不是底部。敲击盖子时，不要直接敲击器皿的口沿。（口沿是最脆弱的部位）

金刚石打磨垫： 其工作原理与砂纸相似，但前者的使用寿命更长。这种打磨垫的型号多种多样，我最常使用的是120目、200目和400目。这种打磨垫有两种类型：一种厚而没有柔韧性；另外一种薄且十分柔韧。相比之下，我更喜欢使用较薄的打磨垫，可以将它包裹在器型上打磨。

干/湿砂纸： 我使用的是120目、200目和400目砂纸，以及中细等级的磨砂海绵（干/湿砂纸外表面上附着的砂砾为碳化硅颗粒）。用磨砂海绵打磨作品的边缘效果非常好。也可以用网格状砂布打磨生坯上的凸起物。

钢丝绒： 适用于清洁乐烧和坑烧作品的外表面。将其与温和的肥皂水结合使用时效果最好。

矿物油： 打磨、抛光工作完成后，先将作品的外表面清洗干净，然后将其晾干，再之后往坯体的外表面上涂抹少量矿物油。矿物油具有强化颜色的作用。由于矿物油不具有持久性，可以被水洗掉。所以在涂抹之前，一定要将作品静置几小时到一天时间，以便让坯体上残留的水分彻底蒸发掉。

保龄球跑道蜡：这种光泽度较低的蜡液不但可以密封作品的外表面，还能有效提升其光泽度。经过打蜡的坯体颜色会在使用的过程中逐渐变暗。先用一块干净的布摩擦蜡层的外表面，然后用另一块干净的布抛光。需要注意的是，这种蜡不具有食品安全性，不适合抛光食器。通常用于抛光乐烧及坑烧作品。

清洁硼板

柴烧和以木柴为燃料的创意型烧成极易产生黏釉问题，所以必须清洁硼板。本节将详细介绍适用于清洁柴烧硼板的工具。蕴含在该步骤中的基本原理适用于任何一种需要清洁的硼板。需要注意的是，将粘在硼板上的釉滴清除干净，可以有效延长其使用寿命。相反，如果对这些粘在硼板上的釉滴不作处理的话，它们将进一步腐蚀硼板，形成薄弱点，最终导致硼板开裂。

碳化硅硼板和黏土硼板有很大的区别。对于黏土硼板而言，其主要清洁部位为硼板的顶部。对于碳化硅硼板而言，整个硼板都会与窑炉内部的烧成气氛发生反应，因此其清洁部位不仅包括硼板的顶部，还包括侧面和底部。

在介绍清洁硼板的工具前，先介绍一个重要问题，那就是在烧窑之前，先得在硼板的外表面上涂抹窑具隔离剂。只要在作品的外表面上施釉或者以木柴作为燃料，就必须在硼板上涂抹一层窑具隔离剂。该物质可以让清洁、打磨或者清除釉块变得更加容易。市面上出售各种重量的窑具隔离剂效果都很好。多年以来，我一直使用由氢氧化铝和埃德加塑型高岭土（EPK高岭土）等比例调配而成的窑具隔离剂。调配这两种材料时，我不会对其精确称重，只是各取一勺。涂层较薄时效果最好。往新硼板上涂抹窑具隔离剂时，需要多涂几层。确保底层彻底干透后再涂下一层。如果涂层在烧窑前剥落的话，则说明涂层太厚了。当这种问题一再出现时，可以将EPK高岭土换成经过煅烧的EPK高岭土。煅烧EPK高岭土的添加

借助凿子和橡胶锤清除粘在硼板上的草木灰釉。

量与氢氧化铝的添加量相等。

往硼板上涂抹窑具隔离剂时，不要让其顺着硼板的侧壁流下来。出现这种情况时，只需用湿海绵将其擦掉即可。这一点很重要，因为在装窑时会把硼板挨在一起摆放，两块棚板的边缘会互相接触和摩擦。当其侧壁上粘着窑具隔离剂时，它可能会被擦掉并落到位于下层硼板上的作品外表面上，这会毁了那件作品。

当为硼板涂上窑具隔离剂后，之后每一次使用时只需薄薄的涂一层或者只有在必要的时候再涂即可。反复使用、清洁硼板，以及反复涂抹窑具隔离剂，会让硼板的外表面产生变化。当其外表面出现较大变化（例如呈现出地图般的肌理）时，只需借助碳化硅块将其打磨光滑并在必要时涂抹窑具隔离剂即可。这一点很重要，如果将作品放在凹凸不平的硼板上就会导致作品曲翘变形。

工具

刮铲（宽度为3.8～5 cm）：将硼板翻转过来，将垫在硼板与立柱之间的填充物取掉。用一把较窄的刮铲轻敲填充物的底部就能将其敲掉。通常可以使用橡皮锤完成这项工作。借助刮铲可以快速去除粘在硼板上的小釉滴。用刮铲或者凿子去除釉滴时需避免朝向硼板的边缘凿。凿此部位很容易将硼板的角凿掉。

砖石凿：当釉滴、草木灰或者硬质残片的体量较大，无法用刮铲将其去除时，我会使用砖石凿。我喜欢用较小的凿子，借助它的边角可以将黏结物轻易凿掉。可以用橡胶锤敲打凿子。

碳化硅块：当把硼板外表面上的大块黏结物去除掉后，我会用碳化硅块将整个硼板仔细打磨一遍。借助这种工具可以很容易地将硼板的表面打磨光滑。

配备碳化硅砂轮的角磨机：使用这种工具的时候并不多。但当遇到此类问题时，你会庆幸自己有这种工具。其打磨速度快得惊人，稍不留神就会磨坏硼板。使用时务必小心操作。

簸箕和刷子：这两种工具也是必备的。打磨工作完成后，将打磨下来的碎屑轻轻地从硼板上刷下来，之后就可以在其外表面上涂抹窑具隔离剂了。

沥青刷：将硼板外表面上的黏结物彻底除尽后，我会借助这种刷子往硼板的外表面上涂抹窑具隔离剂（如果需要的话）。这种刷子很好用，原因是它很厚，且刷毛较粗。我也曾用过油漆滚，但相比之下沥青刷更合适，因为后者更易于控制窑具隔离剂的涂层厚度。除此之外，它还比油漆滚容易清洗。

清洁窑具的工具

A 角磨机
B 撬杆
C 宽度为7.6 cm的刮铲
D 砖石凿
E 宽度为3.8 cm的凿子
F 宽度为11.4 cm的沥青刷
G 橡胶锤

木柴的采购及储存

储存木柴的方法多种多样，根据居住地的气候选择合适的方法。我尝试过各种方法，最后决定将木柴放在室外的草垫子上，这样做可以避免木柴从地面上吸收水分。不需要对其进行更多维护，只要不下雨就能保持足够的干燥度，用来烧窑完全没有问题。根据居住地的气候情况，可以考虑下述三种措施：

用防水布覆盖木柴：防水布能阻隔雨水，也能阻隔空气。就像长时间用塑料布包裹黏土一样，木柴会发霉，需要很长时间才能干透。如果想用防水布覆盖木柴的话，可以在阳光明媚的日子揭掉它，在下雨的时候再盖上。

建造柴棚：为木柴建造一个开敞式柴棚或者屋顶是很好的办法。在三种措施中，此措施的造价虽是最昂贵的，但也是最持久的。柴棚的效果很好，完全不必担心木柴被雨水打湿。即便是雨天也能烧窑，因为木柴始终保持干燥状态。

简易棚：在木柴顶部铺一块波纹屋顶板、壁板、防水帆布或者其他坚硬、轻质的防水材料。这种简易棚既可以阻隔雨水，也能保持空气流通。在平顶的柴堆上铺设简易棚效果最好。柴堆一开始可能是平的，但不会维持太久。如果出现了连日阴雨天，但需要干木柴的话，我会将柴堆的顶部重新整理平并为其铺设一个简易棚。

如果打算自己砍树并用砍下来的木柴烧窑，最好选择在深冬时节砍树。彼时的树含水量较低，气候寒冷，霉菌无法生长，干燥期最长。在早春时节将砍倒的树劈成木柴，整个夏天都能晾晒。最关键的一点是尽早将其劈成木柴，以便让木柴中的水分有足够的时间挥发出来。

假如是第一次尝试柴烧，还可以向所在地的木料加工厂求助。通常情况下，对于他们而言，木柴边角料就是垃圾。与花钱处理垃圾比起来，他们更乐于将这些不要的废木柴免费送人。有些木料加工厂会将边角料作为燃料和护根物出售。伐木工人出售的木柴售价最高。与其他人相比，伐木工人更了解树木，运气好的时候还可以对木柴的类型（硬木或者松树）提出要求，从他们手中购买木柴很容易。如果有皮卡车的话，可以去垃圾场的绿色垃圾处理区找找看。尽管要带走一卡车木柴通常会收费，但费用很低。

堆放木柴时，既要保证空气流通，也要保证尽可能不会从地面上吸收水分。从地面开始逐层堆叠，最好在其底部垫一层隔离物，以防止地面水分腐蚀柴堆的底部。其高度以不超过使用者拿取木柴时的舒适度为宜（比使用者的身高略高一些），宽度以不超过两块木柴为宜，以便于从柴堆的前部和后部拿取。柴堆应具有足够的稳定性和独立性。要将其堆成类似于烟囱的形状，底部较宽，顶部较窄。逐层叠摞木柴时，需将位于最外侧的木柴交错方向摆放（参见图片Ⓐ），只有这样柴堆的侧壁才足够稳固。中间位置的木柴怎么摆放无所谓，但位于最外侧的木柴必须按照上述方式摆放。这种以交叉方向摆放的柴堆侧壁对整体结构有益。

不要用胶合板或者密度板烧窑。这两种板材都经过化学处理，燃烧时会挥发出有毒气体。除此之外，如果是从邻居或者其他人手里购买因为虫蛀或者生病才砍倒的木柴，需确保它不会殃及健康木柴。将这类木柴储存并堆放在远离健康木柴的地方或者将其与同类木柴堆放在一起。

注意：将木柴作为燃料使用时，其副产品也可以使用。木灰可以制成釉料、植物的肥料，或者肥皂。木灰具有腐蚀性，在接触的过程中必须做好自身防护工作。

第二章

窑炉基本知识

对于陶艺家而言，窑炉是最重要的工具之一。黏土必须经过烧制之后才能改变其物理状态。随着技艺的进步和不断实践，你一定会越来越好奇在烧制陶艺作品的过程中，窑炉内部到底发生了什么。

本章将深入介绍各类窑炉，让读者对其工作原理有一个基本的认识。可能对读者而言，下一章中介绍的内容更有诱惑力，但是深入学习窑炉的基本原理，可以让操作者在装窑和烧窑的过程中做出更好的决策并进行更多尝试。即便不打算自己建造窑炉，这些知识对更好地参与烧窑工作也大有裨益。

需要说明的是，本章中介绍的内容以我自己的经验为主，而我使用的窑炉是一座砖砌窑炉。由于窑炉的设计原理具有共通性，所以可以将其创造性地运用在由其他材料建造的窑炉上。这些材料包括垃圾桶、天然黏土、陶艺坯料甚至容量为208.2 L的回收桶等。除此之外，也可以发明新的或者使用生活中的现有材料，例如波纹金属板、金属网或者旧电窑。

窑炉解析

无论何种类型的窑炉都有窑室、燃烧室、烟道或烟囱。窑室，即用于摆放陶艺作品的空间；燃烧室，即用于投放燃料的空间；烟道或者烟囱，即用于排放热量的空间。这些结构元素及其组合方式，是理解窑炉设计如何影响火路和器皿或者雕塑的第一步。

窑室

窑室越大，所需的燃料越多，容纳的作品越多。一般来说，烧窑的时间也越长。其容积需适宜，太大或者太小都不行。当窑室过大时，投柴间隔会很长，必须依靠很多人才能完成烧成工作，各方面的投入都很大。相反，当窑室过小时，装窑时会感觉很不舒服，没有足够的空间容纳更多作品，并且很有可能因为其他原因难以烧制出理想的效果。除了尺寸之外，另外需要重点考虑的因素是形状。窑室的形状起着引导火焰的作用并会对装窑造成影响。通常来说，在以木柴为燃料的窑炉中，窑壁与窑顶之间以曲线形过渡比方形或者角形过渡更有利于引导火焰。当窑顶为矩形时，其四个顶角处很难升温。对于坑烧而言，坑既是窑室同时也是燃烧室。这两种元素的结合程度比大多数其他类型的窑炉要深得多。

弓形拱顶结构的梭式窑侧门。

A 直形耐火砖
B 拱脚砖
C #1号拱形砖
D 高温绝缘材料浇筑层

弓形拱顶

弓形拱顶从位于窑壁顶端的拱脚砖处开始起拱。这种拱顶比悬链线形拱顶更短更平。从建筑的角度讲，这意味着窑壁支撑着拱顶的重量。当窑壁的距离较宽时，拱顶就会坍塌。从装窑的角度讲，顶层硼板到拱顶之间的距离大约有30.5 ～ 38.1 cm，这使得弓形拱顶比悬链线形拱顶更容易装窑。从柴烧的结果看，釉面上的流动效果往往更具方向性。尽管窑炉的长度会对釉面的流动方向造成一定影响，但一般来说，与较高的悬链线形拱顶相比，弓形拱顶可以烧制出更加清晰的流动釉面。这种类型的拱顶通常用于建造柴窑或者气窑，也适用于建造小型乐烧窑。

悬链线形拱顶

尽管这种拱顶也需要窑壁提供一部分支撑力，但总体而言它具有自支撑性。悬链线形拱顶比弓形拱顶高得多，所以装起窑来很方便。由于顶层硼板到拱顶之间的距离较远，所以装窑时很需要一点技巧。为了充分利用空间，必须仔细考虑将什么类型的作品放在这个部位。较长的交叉焰窑会弱化火焰的方向性，进而可以在作品的外表面上形成美丽的杏仁形或者垂泪状釉滴。悬链线形拱顶通常用于柴窑设计。

礼帽式窑炉

这种类型的窑炉通常都是乐烧窑。顾名思义，窑炉的顶部可以掀起，下方的空间即为窑室。这种窑炉的缺点是每次掀起窑盖时都会流失一部分热量。窑盖或者窑顶也很热，掀起来并不容易，有时需要借助滑轮才能将窑盖掀起来。即便窑炉的体量很小，也需要为滑轮预留安装位置。礼帽式窑炉属于顺焰窑，燃烧室位于窑室下方。

梭式窑

这种类型的窑炉也是我最喜欢的，尽管它们通常都是电窑或者气窑。窑室安装在轨道上，可以自由移动。装窑时的感受特别好：视线不受阻挡，装窑者的后背不承受压力，只需将陶艺作品摆放在轨道上的窑室中即可。窑室通常呈方形，既可以是顺焰式的，也可以是倒焰式的。如果是打算借助匣钵烧制作品的话，梭式窑堪称最佳选择。

燃烧室

顾名思义，燃烧室即为燃料燃烧的空间。可供选择的燃料类型多种多样——天然气、油、木柴或者其他可燃物。燃烧室的尺寸会因燃料类型而有所区别。需要注意的是，燃烧室与窑室之间的位置关系会对烧成结果造成很大影响。

燃烧室位于窑室下方：以木柴作为燃料，当燃烧室位于窑室的正下方时，落在陶艺作品外表面上的灰烬比其他位置少很多。当燃烧室位于窑室下方且为交叉焰时（如阶梯窑或者穴窑），最好在位于窑尾处的作品外表面上喷涂一些釉料，其原因是在烧窑的过程中，窑尾处的落灰量最少。对于体量较小的窑炉而言，最好将燃烧室建造在窑室下方，这样做更有利于升温，例如用垃圾桶改建的乐烧窑。如果是打算用耐火砖建造一座乐烧窑，那么应该将其设计成与垃圾桶式乐烧窑差不多的样式：燃烧室（燃料为木柴或者天然气）位于窑室下方，并为其设计一个可以掀起来的窑顶——耐高温、轻巧、尺寸合适的窑盖。

燃烧室与窑室齐平：距离燃烧室最近的作品比放置在其他位置的作品更快受热。尽管燃烧室与窑室之间的位置关系为其他形式时也存在上述特征，但当燃烧室与窑室齐平时表现尤甚。烧这种类型的窑炉时，通常都是先在窑炉外部点火，然后以缓慢的速度将燃料送入燃烧室中。可以在燃烧室内建造挡火墙，这样做有利于窑室内部各区域的温度均匀分布。以木柴作为燃料时，距离燃烧室最近的作品比放置在其他位置的作品更易落灰，进而可以呈现出更加丰富的釉色变化。

燃烧室位于窑室上方：除了柴窑之外，少有窑炉呈这种结构。提高燃烧室的位置，其基本目的是获取更多灰烬。将燃烧室的位置设置得高一些，就可以借助重力烧窑。当木柴燃烧并落下灰烬时，火

焰会将其带到每一件作品的外表面上。与燃烧室和窑室齐平的窑炉相比，这种窑炉可以在更短的时间内获取更多灰烬。

伯里（Bourry）箱式窑

一种以埃米尔·伯里（Emile Bourry）命名的窑炉。燃烧室与窑室之间有一定距离，通常从燃烧室顶部投放燃料，常见于带有烟囱的交叉焰窑及倒焰窑，与高大的烟囱结合使用时效果最好。烟囱的抽力可以将火焰拉出燃烧室，在陶艺作品的外表面上形成极具方向感的釉色肌理。当梭式窑的燃烧室位置较高时，也被称为高位伯里箱式窑。除此之外，也有一些其他类型的伯里箱式柴窑，参见后文由多诺万·帕尔奎斯特（Donovan Palmquist）设计的柴窑。

烟囱

我见过一张图表，显示了如何根据窑室和燃烧室的尺寸推算烟囱的高度。为了简单起见，这里只介绍其基本原理。烟囱越高，抽力越强；烟囱的烟道越窄，越容易因过量添加燃料而阻碍升温效果。当窑炉的体量较小，烟道较窄时，更适合烧制小型燃料。一般来说，烟囱都是以单砖纵向形式逐层砌筑的，那些未达到生产标准的砖或许建造别的不行，但用来建造烟囱却完全没有问题。我的梭式窑上的烟囱高度约为396 ～ 427 cm。

硼板

由两种材料制成的硼板最常见——碳化硅硼板和黏土硼板。碳化硅硼板由氮化物和氧化物制作而成。我在柴窑里既使用过碳化硅硼板，也使用过黏土硼板。到目前为止，二者的持久性非常相似。碳化硅硼板更薄更轻，而黏土硼板有各种尺寸和厚度。除此之外，还有一种新型轻质岩芯岩硼板，当窑温高于10号测温锥的熔点温度时，这种硼板很容易开裂。标准的黏土硼板可作为烟囱挡板使用，作为硼板运用在低温及中温烧成中也不错，但不适用于高温烧成。黏土硼板越厚，其使用寿命就越长。但在装窑的过程中端拿过厚的硼板很吃力。

建造窑炉的耐火砖

那些建造窑炉时剩余的耐火砖也能使用。整块砖的长度为22.9 cm，除了整体使用之外，还可以将其切割成以下尺寸：1/4（又名“皂砖”）、1/2、3/4。可以用相同尺寸的轻质耐火砖建造乐烧窑，或者可以使用黏土砖，但其宽度会小一些。

多诺万·帕尔奎斯特（Donovan Palmquist）| 伯里（Bourry）箱式窑

借助锯子切割用于建造窑炉拱顶的耐火砖。图片由艺术家本人提供。

伯里箱式窑具有多种功能及多种烧成方式。由于它的体量较小，所以仅需2～3人便能完成烧窑工作，烧成效率很高，可以在12小时内烧出釉色，或者在24～36小时内获得更加丰富的釉面效果。烧成时长不等，通常会耗费1～3根粗木柴。与其他类型的窑炉相比，伯里箱式窑在烧制过程中产生的烟雾最少。

我喜欢伯里箱式窑，原因是这种窑炉适用于多种烧成方式，从中既可以烧制出漂亮的釉面，也可以烧制出典型的柴烧效果。这种窑炉特别适用于烧制外表面上带有装饰纹样的陶艺作品，原因是纹饰不易遭受熔融灰烬的破坏。也可以有意识地强化其落灰效果。这种窑炉很容易烧，很少出现熄火现象。

放置在伯里箱式窑内不同区域的陶艺作品均能呈现出很好的烧成效果。可以把由瓷器黏土制成的作品和适合高温烧成的作品放在窑炉前部，把由极易熔融的坯料制成的作品和由炻器黏土制成的作品放在其他位置。与其他类型的柴窑相比，烧制这种窑炉时所需的人力最少。装窑也很容易，操作者不需要像装阶梯窑或者梭式窑那样不断地弯腰。

伯里箱式窑建造完成后的样子。图片由艺术家本人提供。

建造窑炉拱顶。图片由艺术家本人提供。

体积为1.4 m^3的伯里箱式窑烧成时间

我们通常在深夜时分点火，大约6小时内将窑温提升至260℃。然后逐步升温至593℃，保温烧成8～10小时左右。以便于让热量渗透到整座窑炉中。长时间保温烧成有助于窑温均匀分布。烧成速度过快，会形成较大的温差，窑炉中的某些部位无法获得充足的热量。在此过程中，窑炉内部已经开始形成气氛环境。通常而言，当窑温达到704℃后就会形成气氛环境。待窑温达到010号测温锥的熔点温度后，通过开启/关闭烟囱挡板的方式营造中性还原气氛。

在经过大约3小时的中性还原气氛烧成后，我们开始提升窑温。之后，再烧制5～7小时才能达到7号或者8号测温锥的熔点温度。从那时开始保温烧成6～8小时。在此阶段，我们不会频繁调整烟囱挡板的位置。开启/关闭烟囱挡板，会将热量引向垂直或者水平方向。投柴的频率会让窑炉在氧化气氛与还原气氛之间来回摆动。当11号测温锥熔融弯曲，12号测温锥仍处于直立状态时结束烧窑。此过程通常需要4～6小时。

烧制该窑的最短时间为12小时，但若将其烧成时间延长至24～30小时，可以获得最佳烧成效果。

选择建窑材料

虽然耐火砖是本书的主要讲解对象，但是无论选用何种材料建造窑炉，都需考虑以下三项因素：

- 这种非可燃性材料是否能够承受长期磨损和预定烧成温度？
- 这种材料是否相对容易建造和使用？
- 这种材料的价格是否合理且容易获得？

这两块耐火砖的尺寸均为23 cm × 11.5 cm × 7.6 cm。左边是绝缘耐火砖，右边是特级耐火砖。

耐火砖

耐火砖的形状、尺寸和烧成温度多种多样。最常使用的直形耐火砖尺寸为22.8 cm × 11.4 cm × 6.3 cm。除了直形耐火砖，还有拱形耐火砖、楔形耐火砖、拱脚耐火砖和锥形耐火砖等。如果有大量非标准尺寸的直形耐火砖，或许可以用它们建造一座有趣的实验窑。圆形乐烧窑和坑烧窑的烧成效果都很好，谁敢断言异形窑炉就无法烧出好作品呢。大多数窑炉由直形耐火砖和拱形耐火砖建造而成，可以借助锯子将标准尺寸的耐火砖切割成任意样式。

类型

普通红砖：这种砖的最高烧成温度约为982℃。由于这种砖具有多孔性，质地不像耐火砖那么坚固，因此其保温效果较差。虽然可以用普通红砖建造比萨烤炉，但就窑炉而言，我只建议用它建造地上式坑窑。一般来说，普通红砖的使用寿命比不上轻质耐火砖（二者的热功率相似）。普通红砖的优点是售价低廉，很容易免费获得。

耐火砖：分为轻质耐火砖、中质耐火砖、硬质耐火砖和特级耐火砖。这种砖比普通红砖更结实、更致密。耐火砖由耐火黏土、二氧化硅和氧化铝制作而成。由于密度较高，所以保温效果很好。其烧成温度范围为982℃、1 482℃、1 565 ～ 1 593℃。硬质耐火砖和特级耐火砖适用于建造高温窑炉。轻质耐火砖和中质耐火砖适用于建造坑窑及乐烧窑。购买时必须向制造商核实其最高烧成温度，原因是不同厂家生产的耐火砖烧成温度略有区别。

绝缘耐火砖：也被称为软砖，原因是这种耐火砖的质地十分轻盈且具有多孔结构。用这种耐火砖建造窑壁内衬，有助于反射热量和提升保温效果。绝缘耐火砖亦适用于建造观火孔。在烧窑的过程中，可以将放置着测温锥的绝缘耐火砖抽出来，由于其具有多孔性，所以只需佩戴一幅耐高温手套就可以接触它。其烧成温度范围为1 260 ～ 1 538℃。低温绝缘耐火砖比高温绝缘耐火砖更具多孔性。绝缘耐火砖的标准烧成温度为1 260℃，对于绝大多数陶艺作品而言，该温度数值足够了。绝缘耐火砖的质地很脆弱，会随着使用时间的推移逐渐碎裂。购买时不妨多买几块备用。

自制窑砖：这也是一个不错的选择。与家庭成员一起自制窑砖是一件有趣的事情，或许还可以创作出很好的装饰品和纪念品，可以用它们装饰家居环境、窑炉或者窑炉上的某个结构。正式建造窑炉之前，需测试其烧成温度范围。

隔热材料

隔热材料用于保持窑炉内部的热量。对于坑窑而言，其隔热材料是地表黏土。时至今日，半地下结构或者全地下结构的窑炉的隔热材料仍为地表黏土。如果想在地面上挖一个以锯末作为燃料的坑窑，那么地表黏土不但能阻隔空气，还能起到保温作用。除此之外，以地表黏土作为建窑材料还可以省下购买耐火砖的钱。阶梯窑部分建在地表以下，利用地面上的自然坡度，具有相同的保温功能。借助地表黏土建造窑炉的关键点是确保不受洪水侵害或者不易被水流影响。

隔热结构

单层砖：如果需要让窑炉具有良好的空气流通环境以便于燃料充分燃烧，并且不需要第二层结构提供额外的保温效果进而获得比低温烧成更高的窑温，那么单层砖就是很好的选择。这种隔热结构适用于乐烧、坑烧和锯末烧成。

单层砖附加其他隔热材料：窑炉的拱门通常由单层砖建造而成。为了保持窑炉内部的热量和阻隔气流，可以在单层砖上额外覆盖一个隔热层。最常使用的材料是陶瓷纤维隔热毯、绝缘耐火砖或由黏土及绝缘浇注料混合而成的材料。如果打算建造一座礼帽式乐烧窑，可以尝试相反的方法，将陶瓷纤维隔热毯作为窑壁的内衬。

双层砖：用耐火砖建造窑炉时，通常会使用双层结构：内侧为耐火砖，外侧为绝缘耐火砖。内侧的耐火砖可以承受窑炉内部烧成气氛的磨损，外侧的绝缘耐火砖可以起到隔热作用，使外窑壁更凉爽、更易于接近。使用双层砖建造窑炉时，通常做法是错缝（从前到后）砌筑，这样做有利于阻隔气流。为了防止两层砖分离，需大约每隔4～6排设置一个由硬质耐火砖砌筑的卯固结构。

将绝缘耐火砖拿掉之后，可以看到下面的陶瓷纤维隔热层。

双层砖附加其他隔热材料：在特殊情况下，可能需要一座特别厚的窑炉，以便获得更好的隔热效果和延缓降温时长。厚窑壁的设计取决于对烧成和作品的审美趣味。讲到这里，我想了北卡罗来纳州的朱迪思·达夫（Judith Duff）为研究志野釉而建造的窑炉，该窑炉的窑壁厚度为45.7 cm。

火路

当燃料接触氧气燃烧并产生火焰时，火焰会沿着窑炉内部最简单的路径游走，最后流出窑外。设计窑炉的时候必须考虑火焰的走向，这一点极其重要。除了窑室的形状外，火焰的走向（也被称为火路）是最关键的设计要点，它直接影响到作品的烧成效果。

考特尼·马丁（Courtney Martin）的悬链线形拱顶窑和整齐堆放的木柴。

顺焰窑

顺焰窑的燃料投放区位于窑炉底部，烟道位于窑炉顶部。第一章中介绍的垃圾桶式乐烧窑即为顺焰窑。这种类型的窑炉不需要烟囱提供抽力并且相对容易设计，但其烧成效率也是最低的。以木柴作为燃料时，木柴仅能提供热量，原因是不会有大量灰烬落在陶艺作品的外表面上。绝大部分作品都得施釉。顺焰窑很难装窑，特别是放置在窑炉底部的作品。最常被人提及的传统顺焰窑为蜂巢窑。

倒焰窑

倒焰窑的燃料投放区和连通烟囱的烟道均位于窑炉底部，其工作原理是火焰进入窑炉内部，先上升到窑顶，然后向下游走，最后顺着烟道流出窑外。这种窑炉设有烟囱，烟囱的抽力可以起到引导火焰走向的作用（除非使用强压燃烧器，否则必须借助烟囱抽力），倒焰窑的形状通常为矩形或者高拱形。以木柴作为燃料时，在火焰流向烟道的过程中，灰烬会沉积在作品的肩部或者顶部。由于受到自然抽力的影响，窑炉内部会出现低温区域，放在该区域陶艺作品外表面上的釉料很难熔融。阶梯窑或者悬链线形拱顶窑就是著名的倒焰窑的代表。

交叉焰窑

交叉焰窑的燃料投放区位于窑炉一侧，烟道出口位于窑炉另一侧。火焰穿越陶艺作品的外表面，烟囱抽力引导火焰的游走方向。有些倒焰窑亦属于交叉焰窑：燃料投放区位于窑炉一侧，烟道出口位于窑炉另一侧，烟囱抽力引导火焰的游走方向。通过火路区分二者：向下游走还是横向游走。一般来说，交叉焰窑的窑室比倒焰窑的窑室长得多。用木柴烧交叉焰窑时，作品正面（火焰从其两侧流过）和背面（烟囱方向）的烧成效果相对较单一。木灰沉积在作品侧面，火焰环绕在作品周围，作品的背面显露出坯料本身的颜色。交叉焰窑主要包括时下非常流行的阶梯窑和梭式窑。

解读烧成温度

可以通过观测窑炉内部颜色、测温仪和测温锥解读烧成温度。

观测窑炉内部颜色： 当窑炉内部开始升温时，其内部颜色会从黑色或者无色逐渐转变成深玫瑰红色。随着烧成温度不断提升，窑炉内部的颜色会从深红色逐渐转变成红色、红橙色、橙色、亮橙色、亮黄色、亮白色、炫目的白色直到如阳光般刺眼的白色。颜色越亮，窑温越高。为了保护眼睛不受损害，当窑炉内的颜色转变为上述亮色时，必须佩戴电焊眼镜，这一点很重要。通过观测窑炉内部的颜色解读烧成温度虽是个不错的办法，但它不如测温锥或者测温仪准确，最好将上述三种方法中的两种结合在一起使用。

测温仪： 测温仪的设置数量取决于窑炉的尺寸。一般来说，一个测温仪可以控制两个热电偶。常用的K型测温仪既适用于低温烧成也适用于高温烧成。使用测温仪的优点在于它可以反映出十分细微的窑温变化。燃料越充足，解读窑温的时间就越快。也可以通过测温仪及时了解窑炉内部的烧成状况。在它的辅助下，可以对停火时间做出正确的判断。测温仪售价不高，使用效果很好。

测温锥： 正如第一章中所提到的，测温锥由黏土制作而成，对烧成时间和烧成温度均会作出反应，其使用效果很好。借助测温锥了解梭式窑内部各区域的烧成温度是否均匀一致时可以将测温锥放在热电偶下方。测温锥适用于各种烧成温度。

LINDS

空气

我们周围全是空气，它也是烧成的重要组成部分。无论采用何种烧成方法，都需维持空气和燃料之间的平衡关系。当空气的补给量不足时，窑炉就无法达到预定烧成温度。窑炉的类型不同，其对燃料和空气之间的平衡敏感度亦不同，操作者会从烧成实践中学习到这一点。

还原气氛：指窑炉内部的燃料多于氧气时所生成的烧成气氛。当看向窑炉内部时，会发现其能见度较低，火焰较柔和或者呈S形。窑炉内部呈负压状态，火焰会从窑炉上的各个孔洞往外冒。

氧化气氛：指窑炉内部的氧气多于燃料时所生成的烧成气氛。当看向窑炉内部时，窑内的环境一览无余。在某些情况下，还可以清楚地看到对面的窑壁。一般来说，在强氧化气氛中，窑炉内部各区域的烧成温度很难保持均匀一致。除此之外，还有一种被称为“氧热”的情况，可以通过“净化”空气的方式提升窑温。

一次风入风孔：位于燃烧室（柴窑）内部紧邻燃料的位置。之所以将其命名为“一次风”，是因为它有助于燃料燃烧。假如在设计窑炉（例如梭式窑）的时候提高了一次风燃烧室的位置，那么一次风对燃料燃烧所起到的作用也会有所变化。

二次风入风孔：指可以将空气引入窑炉内部的其他区域。虽然二次风入风孔不会对燃料燃烧造成直接影响，但会影响到燃料的使用量。二次风入风孔包括投柴孔和为了提升窑温时将沉积在炉箅上的余烬拨开后露出的炉箅孔。

烟囱挡板：可以通过调节烟囱挡板的方式将窑炉内部的热量排出窑外。将烟囱挡板推进去时，烟囱的抽力会减弱，窑炉内部的热量得以保存。它直接影响着燃料燃烧的剧烈程度。烟囱挡板的使用数量可以是一个、两个或者多个（其具体使用量取决于烟道的长度）。只要是具有耐火特性和良好持久性的板材均可使用。一般来说，烟囱挡板都是水平放置的且位于烟囱较低处，以便于接触和调整。无论将其设置在什么部位，最重要的考虑因素是它将如何影响烟囱抽力，必须让抽力贯穿整座窑炉才好。确保烟囱挡板有利于窑炉内部各区域的烧成温度均匀分布。当烟囱的宽度较大时可以设置两个烟囱挡板，确保其闭合时可以接触彼此。我曾见过垂直设置的烟囱挡板，将其闭合后就可以结束烧成，能有效减缓降温速度。我还见过烧窑者把硼板覆盖在烟囱顶部以作为挡板使用，这种情况要么是因为实际的烟囱挡板坏了，要么是有其他必要理由不得不爬上窑炉顶部。用于制作烟囱挡板的材料包括黏土硼板、坚固的金属板和厚实的纤维板。

考虑因素

如果打算建造一座属于自己的窑炉，那么必须将作品类型和想要的烧成效果放在第一位。但比这两样更重要的是：你的体能和健康。

如前文所述，正式动手建造窑炉之前，不妨先试烧与想要建造的窑炉相似的窑炉。根据该窑炉做出一些简单的调整，进而让高度和宽度与身体相适宜。以我自己为例，我的身高是175.3 cm，正处于职业生涯中期，由于多年前肩膀受过伤，我左臂的力量和活动范围均受到了影响。这意味着我为自己建造窑炉时，需确保窑室的高度适宜，以便于在装窑的时候方便放置作品和硼板，而且硼板的重量要尽可能轻。这也意味着我的硼板可能不如较重的硼板耐用，但可以让我在没有帮手的情况下靠一己之力也能完成装窑工作。

除此之外，请记住，窑炉的使用寿命很长。我肯定不是唯一一个有幸参观到几千年前窑炉遗址的人。如果你不搬家并且把窑炉保养得非常好，那么其使用寿命很有可能会超过预期。在建造窑炉的时候，只有一点容易被忽视，那就是窑炉自身的老化问题。假如把窑炉建造的太大，而作品产出率又跟不上，那么它就会像野兽一样贪婪，装窑和烧窑都会成为负担。相反，假如把窑炉建造的太小，你会觉得缺乏发展空间。谈到身体健康，亦需做出一些小调整以避免在使用过程中经受痛苦，上述因素都是值得仔细考虑的。简单的调整方案包括以下几项：

在装窑及观测测温锥的熔融状态时，尽量避免频繁地屈伸膝盖。（可以将窑炉底部的观火孔建造得高一些，以便于观测窑温）

燃烧室的尺寸不宜过大，这样一来就不必为缺少燃料而发愁了。

确保将投柴孔的位置设置在适宜的高度上。

确保窑室足够高，可以舒适地坐、跪或者站立其中；除此之外，如果是从窑炉外部装窑的话，需将窑炉的高度设置地舒适一些，以不感到姿势别扭为宜。

确保将所有窑门设置在窑炉侧部，方便开启且高度适宜。

当然，还有一个实际的问题那就是钱，它或许会对操作者的健康或者其他方面造成影响。建造窑炉肯定得投资。如果想建造的窑炉开支很大的话，可以问问自己“值得吗”，先做个预算。花点时间做预算，评估一下是否有足够的钱投资在业余爱好上或者是否能够在一定时间内通过卖作品的方式盈利。也许这些非常实际的问题会改变你想要的窑炉类型和打算建造窑炉的预期时间。提前规划可以节省不少钱。有些时候，可以从厂家手里购买未达到生产标准的砖，或者从同行手里购买他们上次建造窑炉时剩下的砖，这类砖的售价很便宜。甚至有些时候，当某些个人或者公司出于转移投资或者倒闭原因，会免费提供砖。再或者，也许可以尝试用自家后院的黏土做砖。提前规划并等待时机，运气好的话就有可能得到想要的结果。

第三章

柴 烧

从烧柴中获取的回报是无穷无尽的。每次烧窑都略有不同，大家必须运用批判性思维，具有解决问题的能力，既讲究独创性，又重视团队合作，在时间和体力方面给予足够的付出。那么，即使是最糟糕的烧成体验也能得到至少一件成功的作品，这件作品就是下次烧窑的动力源泉。除此之外，对于那些习惯了独自创作的制陶者而言，没有什么能比得上和朋友们及同行们一起烧窑、一起庆祝更为美妙的事情了。

本章将以梭式窑为例介绍柴烧。原因有以下两方面：第一，我使用的窑炉就是梭式窑。第二，这种窑炉属于交叉焰窑，和许多柴窑的设计形式一致。梭式窑能烧制出各种各样的釉面效果，既包括强烈的灰烬肌理，也包括柔和的火焰肌理。换言之，可以将其基本设计原理轻松地运用到其他类型的柴窑中。

各位读者可以将书中概述的内容视为自己的实践指南。待大家初次尝试柴烧后，可以根据实际情况对这些建议作以取舍。再强调一遍，初次烧柴窑时，务必将所有操作步骤由始至终详细记录下来，这一点极为重要。花点时间记下以下信息，有助于大家对柴烧工艺及柴窑的深入理解：黏土、釉料和化妆土的准确用量及类型；将装窑过程拍成照片并附加文字注释；以小时为单位记录烧成速度和烧成温度；将出窑过程拍成照片并附加文字注释。还有一点非常重要，务必尽可能多地（如果不能每次都参与）参与烧窑工作。

最后需要说明的是：本章介绍的是高温柴烧，但这并不意味着不能将其烧成原理运用在低温和中温柴烧中。采用低温烧柴窑时，通常来讲，无需担心作品会在烧制的过程中出现曲翘现象（除非坯料有问题），可以用釉料装饰作品，作品的外表面上不会堆积大量灰烬。火焰是生成各种釉面效果的主要因素。

制作适用于柴烧的陶艺作品

我仍然坚持这个原则：每次烧窑时尝试一些新东西。既可以测试某种新坯料、新釉料、新器型。也可以测试某种新装窑形式或者使用不同类型的木柴。持之以恒地进行更多测试，可以确保大家不断地从每次烧窑中学习到有益的知识。之后，将学到的知识应用到下次烧窑实践中。

为柴窑制作作品与为其他类型的窑炉制作作品并没有区别。某些需要考虑的事项会在装窑的过程中得以解决。

首先，考虑作品的形状和器壁的厚度。当火焰穿越窑炉并在作品周围打转时，木灰也随之四处流走。木灰以何种方式沉积在作品的外表面上，并形成灰釉，与作品的形状及作品与作品之间的摆放位置息息相关。简单地说，作品的形状决定了灰釉的烧成效果。

当作品的器壁太薄时，极易变形成“玉米卷饼”状。即原本浑圆的器型在烧制的过程中扭曲成椭圆形。坯体变形的原因是火焰的流动速度，以及窑炉内部的气流对作品形成拉力。柴窑的烧成温度往往高于其他类型的窑炉，作品更易出现曲翘问题。避免这种烧成问题的方法之一是将作品的器壁做得厚一些，或者将其口沿做的厚一些。升温速度较快时，作品的曲翘现象相对较严重。基于上述原因，最好将升温速度放慢一些、稳定一些，让火焰柔和一些。

接下来，考虑未经施釉的坯体。在作品的成型过程中，难免会遗留一些痕迹，釉料具有弱化痕迹的作用。但柴烧不是这样，那些在拉坯过程中产生的痕迹、手指印及坯料上的杂质经过柴烧后会越发明显。试着利用这种特点。换句话说，柴烧作品的细节很难控制。如果大家想在柴窑中烧制带有精美装饰纹样的作品，并且对其细节要求非常高的话，需尽量将这类作品放在落灰较少的位置上或者将其放在匣钵内烧制。最好将其放在窑炉较高处或者窑炉后部。

釉料和化妆土

柴烧作品实际上不需要施釉——对于许多制陶者而言，这无疑是一件好事情！如果大家真想为作品施釉的话，一定要确保能在某种程度上提升作品

的烧成效果，而不仅仅是出于个人习惯。之所以提到这一点，是因为很多惯用电窑或者气窑的同行，都将施釉视为一种习惯。对于柴烧作品而言，连底釉都无需使用。为什么非要使用底釉呢？大家选用的坯料本身不防水吗？底釉有助于作品的使用功能或者设计吗？

当然，也有一些非常漂亮的施釉柴烧作品，如果大家对某种釉料或者化妆土钟爱不已，或者大家认为借助某种釉料或者化妆土可以让作品呈现出更加完美的烧成效果，那当然要测试一下！为了准确了解该釉料或者化妆土的烧成效果，制作一些与作品形状和外观相同的小试片，将其放置在窑炉内部不同区域试烧。例如，如果我想在罐子的外表面上施釉，会先在杯子上试烧这种釉料。我选用的坯料含铁量很高，颜色很深。饮茶者更喜欢用颜色较浅的杯子衡量茶叶的浓度及其浸泡时间。我在杯身上涂了一层志野釉，这种釉料既适用于坯料，也适用于柴烧。经过烧制后的志野釉发色较浅，烧成效果很好。我测试了大约20～30种志野釉之后，才从中选取出了最适合的类型。

问自己为什么要用木柴烧窑——是因为木柴可以让陶艺作品呈现出美丽、微妙的外观效果，还是可以生成新颖、复杂的釉面？如果答案为后者的话，尽量少为作品施釉或者只使用底釉。将关注重点放在坯料上。同时测试釉料和坯料。在制作的所有器型中，我只给其中两款作品施釉——其他的作品要么不施釉，要么只在其外表面上涂抹一层化妆土。

化妆土可以强化作品外表面上的对比效果，也可以在作品的外表面上涂抹某种具有闪光特质的化妆土。化妆土通常用于柴烧，因为它使用起来很方便，既能与坯料形成细微差别，又不会与坯料的肌理存在太大差异。可以将涂抹过化妆土的作品堆叠起来放置并在作品之间填塞木柴。

填充物

填充物由耐高温能力极强的材料制作而成，将其放在作品与硼板之间，可以起到缓冲作用。如果不放填充物，作品极有可能因木灰熔融而粘在硼板上。放置填充物不仅是必要的，其本身也具有审美价值，原因是作品与填充物的接触部位会留下痕迹。把填充物的印迹纳入审美范畴，尽力将其融入作品的整体设计中。

通常而言，放入窑炉内的所有作品下部都需放置填充物，原因是必须在作品与硼板之间放一些耐火材料，以防止木灰熔融后将作品粘在硼板上，其摆放方式需为作品提供足够的稳定性。在装窑的过程中放置填充物，将其放在硼板的下部可以让硼板保持水平，还可以将其放在立柱和硼板之间的缝隙中。由于放入窑炉内的所有作品下部都需放置填充物，所以大家会从各种各样的填充物中找到最适合自己的那一种。

注意：当大家对柴窑有所了解后，会发现有些作品不需要放置填充物。窑炉内的某些区域落灰较少，放置在该区域的作品无需填充物给予保护。但对于初学者而言，最好在所有作品的下部都放置填充物。

可供选择的填充物

耐火黏土填充物：我使用的就是这种填充物。它的优点是使用方便，除了作品之外亦适用于窑具，能在作品的外表面上留下美丽的痕迹。耐火黏土填充物通常由耐火黏土、沙子、锯末或者其他可燃物混合而成。我用稻壳代替锯末，因为后者更容易得到，我还喜欢将不同粒度的稻壳和锯末混合在一起。沙子的作用是提升填充物的收缩性和强度，可燃性有机物的作用是生成美丽的痕迹、增加填充物的孔隙率，使其更容易被清除掉。有些陶艺家只使用由黏土和沙子调配而成的填充物，有些陶艺家则会在配方内添加数种可燃物。

EPK高岭土和氢氧化铝填充物：二者的添加比例相等。烧成后的印痕颜色非常浅，适用于由浅色坯料制成的陶艺作品。氢氧化铝是一种昂贵的材料，将其作为填充物会增加烧成成本，因此相比之下我更倾向于使用耐火黏土填充物。除非大家打算尝试盐烧或者苏打烧。对于上述两种烧成方法而言，EPK高岭土和氢氧化铝填充物是最佳的选择。

贝壳：贝壳的外形通常呈不规则状，将其作为填充物很难保持作品的稳定性。基于上述原因，最好将贝壳和耐火黏土填充物结合在一起使用。作品外表面上清晰的贝壳印迹看上去非常美观。与上述填充物不同，贝壳既适用于未经施釉的作品，也适用于施釉作品。烧成之后，去除贝壳的最简单方法是先将作品浸入水中，然后用砂纸将不溶于水的贝壳残渣打磨掉。

稻壳：将稻壳放在窑炉内部落灰较少的区域时，其烧成效果最好。例如，将其撒落到落灰较少的硼板上或者先将其放入一只碗中，然后在上面放另一只碗，按照上述方式将碗层层叠摞起来。当大家手边没有足够的稻壳或者对窑炉内部的落灰区域不甚了解时，可以将稻壳与耐火黏土填充物结合在一起使用。

擦拭二氧化硅溶液：将这种填充物（更准确地说，这是一种窑具隔离剂）运用到窑炉内部落灰较少的区域时，其烧成效果最好，但这只适合小面积使用，例如盖子和盖座。当作品的盖子较薄使用其他类型的填充物可能会导致盖子曲翘时，最好在盖子和盖座上涂抹一层二氧化硅溶液。先将质地细腻的二氧化硅溶于水中，用刷子将其涂抹在盖子、盖座及其他有可能接触到的部位上。薄薄地涂抹一层就好，确保涂层均匀。烧成后的二氧化硅溶液呈浮灰状。

干透的泥板：如果大家做了一件体量极大的雕塑型陶艺作品，无法用单个耐火黏土填充物支撑坯体，那么可以试试干透的泥板。这种类型的

将填充物搓成条状，稍后会将其放在硼板与立柱之间的缝隙里。

稻壳既可以单独作为填充物使用，也可以与耐火黏土填充物结合使用。

填充物很好使用，原因是可以像放硼板那样将其垫在作品的下部。将其长时间放在工作室里时，需注意保持其外表面干净无尘。不要让其他坯料污染到它。

其他填充物：类型繁多，包括石英、贝壳与碳酸钙的混合物等。就像坯料、装窑方式、烧成时间、燃料类型一样，大家可以根据自己的喜好自制个性化的填充物。

填充物的放置时机

既可以在装窑前放置，也可以在装窑时放置。这两种方式我都尝试过。为了节省装窑时间，可以将体量较小的填充物提前放好，等到装窑时再将较大的填充物有计划的放入窑炉中。装窑时必须放置填充物的原因是，许多硼板经过多次烧制后产生了曲翘现象，其外表面并不平整。一边装窑一边放填充物时，由于此阶段的填充物仍然具有可塑性，所以能将作品稳稳地支撑在硼板上。可以借助便宜的胶水将填充物粘在作品的底部。

填充物尺寸各异。按照作品的尺寸适度调整填充物的大小，使二者的比例完美匹配。同理，在窑炉内部落灰较多的区域——尤其是燃烧室的底部——应该放置较大的填充物。如果发现某次烧窑后，立柱粘在窑炉底部或者硼板上，可以在立柱前放一块耐火纤维。在层层叠摞的碗或者盘子内放填充物时，需确保其高度足够高，能让火焰轻易地穿梭于器皿之间。否则，器皿的中部看起来会非常干，釉面效果会很差。在装窑的过程中，需像摆放窑具那样，将填充物逐行摆放。填充物既要传导热量，又要负重。将若干个填充物以同样的方式和间隔摆放在作品下部，可以有效避免曲翘问题。

关于填充物的形状，以下几种样式供大家参考：

- 球形最经典，其制作速度较快，上表面受压后很平整。

将填充物粘在杯子的底部。

将盘子放入窑炉中之前，先在其底部粘一些填充物。

- 圆柱形、滑雪板形、粪团形和蠕虫形适用于支撑作品的盖子。为了避免曲翘或者为了保持平衡，上述形状亦适用于其他部位。双线圈形适用于支撑硼板，以及围合测温锥。
- 如果出于某种原因想将作品密封起来的话，那么最好选用环形和饼形。将一个完整的环形填充物放在作品的口沿上，然后再将盖子盖上去。饼形填充物可以在作品的外表面上形成非常有趣的痕迹。

在诸如正方形的作品上摆放填充物时，建议选用奇数，除非大家有更好的审美理由。与偶数相比，奇数更有利于作品稳定（除非只使用一块填充物）。如果大家只想使用一块填充物的话，我建议将其做成饼形。

注意：填充物通常不会在烧窑的过程中掉落，往作品下部放置填充物时需考虑其稳定性。确保将其放在了正确的位置上，不会在烧窑的过程中掉落。

可以将填充物放在作品的任意部位，只需确保其稳定性就好。需要注意的是，填充物本身有一定重量，所以不应该将其放在器壁最薄的部位，除非大家有意让该部位变形。除此之外，由于木灰会在作品的外表面上熔融流淌并凝结成水滴状，所以一定要将填充物轻轻地插入作品之间的缝隙中，以避免木灰熔融后将填充物一并粘在作品的外表面上（出现上述情况时，虽然可以将其打磨掉，但打磨过程很辛苦）。装窑的时候，不建议大家将填充物放在窑炉最前部。不要将其摆放在火焰的流动路径上。

柴窑的装窑方法

柴烧陶艺家通常都有以下共识：装窑方式决定了作品的烧成效果。因此装窑方式非常重要。装窑有时候决定着烧成能否取得成功。事实的确如此，我最糟糕的烧成体验就是由于填充物放置位置不合理，作品摆放得太密集。本节将介绍一些装窑过程中需要注意的事项。将装窑和出窑的过程拍成照片并附加文字注释。初学者在此方面多花点时间，有助于更好地理解柴烧。随着时间的推移和经验的累积，大家终将获得更高的成功率。

注意：装窑可以提升大家的其他技能，比如往洗碗机内放餐具或者在旅行中有效利用车位和行李架的空间！

谈到装窑，我将燃烧室一侧视为窑炉前部，将烟囱一侧视为窑炉后部。站在燃烧室旁俯视窑炉时，窑炉的左右两边位于身体两侧。

首先，让我们考虑一下窑炉和硼板的位置。这主要取决于作品，但有些窑炉可能对硼板之间的空间很挑剔。有些窑炉从前部到后部呈开敞的通道状，火焰很容易穿越；有些窑炉靠抽力助燃，可以将作品摆放的密集一点。摆放硼板和作品时，必须考虑火焰的流动路径。火焰往哪个方向流动，取决于大家如何放置作品和窑具。

- 通常而言，需将紧靠燃烧室的作品摆放得稀疏一些，特别是靠近拱顶的位置尤其如此。
- 如有可能的话，最好在窑炉侧壁投柴口周围预留 7.6 ～ 10.2 cm 宽以确保投柴时不会将作品打翻或者将作品从硼板上打下去。
- 尽量在硼板和两侧窑壁之间预留出等距的空间（换言之，要将作品摆放在窑炉的中线上）。如果将作品摆放在靠近窑炉一侧的位置上，那么窑炉另一侧的升温速度相对更快一些，原因是该侧的燃料拥有更大的燃烧空间，进而会导致窑炉两侧升温不均。
- 最好以高低错落的方式摆放硼板。这会让火焰上下反弹并在作品的外表面上形成更多的偏转角度和趣味焦点。

这些调料罐因装窑位置不同，进而呈现出不同的烧成效果。

立柱的顶部放置了填充物，稍后会将硼板放在上面。

比尔·琼斯（Bill Jones）正在帮我装窑。

- 奇数规则同样适用于支撑硼板的立柱。对于面积较大的硼板而言，应该用三根立柱支撑它。唯一一种使用四根立柱的情况是，作品的体量非常大、重量很重且不得不将其放在硼板一侧。在这种情况下，为了保持作品的稳定性，需要使用四根立柱支撑硼板。将两块较小的硼板拼合成一块大硼板时，可以让其接缝部位共享一根或者两根立柱，具体数量取决于大家打算使用四根还是五根立柱。

注意：我更倾向于使用五根立柱，因为这种摆放方式可以在燃烧室和窑炉侧壁投柴孔处各放置两根立柱。有了这两根立柱的支撑，投柴时不太可能轻易地将作品从硼板上打下去。

- 在上下两层硼板之间预留出足够的空间。上层硼板的底部与放置其下的作品顶部之间至少保持2.5 cm。有些作品可能因尺寸问题，距离上层硼板略长或者略短一些，但通常来说，应该在二者之间预留出2.5 cm的空间。

交错摆放作品

最普遍的装窑方式为以交错形式摆放作品。大家想一想，去看电影或者现场表演时，最佳位置在哪里？在我看来，最佳位置位于前后排呈轻微倾斜角度处，前排的椅子较低，后排拥有良好的视域。同样的原理亦适用于装窑。需确保每件作品都能看到“舞台”——就柴窑而言，燃烧室是“主舞台”，窑炉侧壁投柴孔是“副舞台”。不要将作品摆放成相互阻挡的样式。当某件作品挡住另一件作品的一半外表面时，被遮挡住的部位很难呈现出好的烧成效果。火焰很难靠近遮挡区域。如果大家在无意中制作了很多相同尺寸的作品并为如何合理地摆放它们感到十分苦恼，可以将硬质耐火砖或者轻质耐火砖垫在作品的下面，进而将其摆放成犹如体育场座位般的样式。

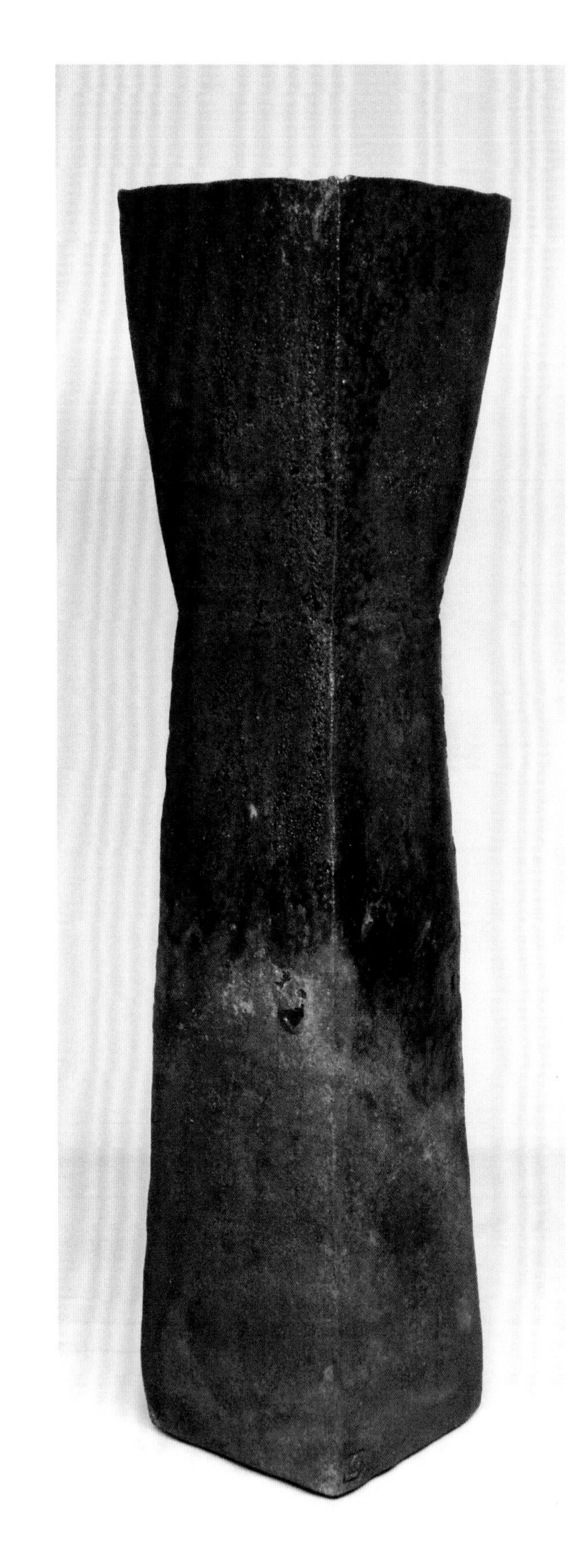

考虑窑炉内部区域

当我初次尝试柴烧时，很喜欢窑炉内部某些特殊的区域。现在的我越发喜欢不同区域所能呈现出来的釉色变化。有些部位的作品颜色可能更暗一些、光泽度更低一些；有些部位的作品颜色可能更鲜亮一些，金属质感更强一些。这些美丽的、微妙的（有时很强烈）变化是无法预测的，这也是我喜欢柴烧的主要原因之一。尽管对某些种类的柴烧作品特别钟爱，但我更欣赏柴烧的多样性。

当大家将作品放入窑炉内部不同区域时，请记住，窑炉前部的烧成效果最好。熔融的或者未熔融的木灰会在作品外表面上形成异常丰富的釉面效果（垂露状、流淌状和硬壳状肌理都很美！）。窑炉的底部布满木灰。熔融的木灰是否会将作品粘在窑炉底部，取决于作品的摆放位置，紧挨拱顶处及靠近燃烧室的位置极易出现上述问题。我会在最前排作品前放一个又高又窄的罐子。罐子烧成后由上至下会呈现出完全不同的、绝佳的釉面效果。

无论哪一个位置，都不能将作品摆放得过于密集。我在这方面受到过很多次教训，大多数同行或多或少应该也有过类似经历。为火焰预留出足够的空间，让它在作品周围自由穿梭。如若不然，即便大家努力让窑炉各部位保持均匀的烧成温度，釉面看上去也还是特别干涩。虽然可以在作品之间放置填充物，将其摆放在靠近窑壁处或者叠摞起来，但最关键的是不仅要将所有作品摆放好，同时还得为火焰预留出足够的空间。将作品放在足够高的填充物上，可以有效提升釉面的光泽度。

注意：叠摞式装窑法是将作品层层叠摞起来，作品与作品之间夹垫填充物，通常适用于紧靠窑炉拱顶处的位置。

往靠近窑炉侧壁处摆放硼板时，需在硼板与窑壁之间预留出大约5 cm的间隙，最好往此位置的硼板上摆放一些底部较宽或者稳定性较高的作品，以避免投柴时木柴撞击到作品的外表面或者将作品从硼板上打下去。往上述区域摆放诸如碗之类的开敞器型时，需给予特别保护，最好将其摆放在最底层硼板上。放在靠近窑炉侧壁底部的或者底层硼板上的作品极易被木灰覆盖住。作品内部会盛满木灰。如果大家做了很多碗或者很喜欢上述区域的釉面效果，只需将作品倒扣过来摆放并在其口沿下方垫一些填充物即可。这样做可以起到保护器型内部的作用。上述规则亦适用于叠摞装窑法。对于那些不易沉积灰烬的器型而言，将其摆放在靠近窑炉侧壁的硼板上，可以烧制出不错的釉面效果。

施釉作品的装窑位置取决于釉料的类型。只有经过数次烧窑后才能对其有所了解。我最常使用的釉料是志野釉，将其摆放在窑炉内部的任何区域均能呈现出很好的烧成效果。将其摆放在窑炉前部时，可以获得非常好的木灰肌理；将其摆放在窑炉顶部时，釉面上会呈现出极佳的闪光效果；将其摆放在窑炉后部时，可以烧制出深谙、微妙的釉色。我使用这种釉料的原因是它具有多种功能，并且它可以与含铁量较高的坯料完美匹配。大家可以在特定的烧成气氛中深入了解某种釉料。

泰德·尼尔（Ted Neal）｜梭式窑

现如今，世界各地数以百计的陶艺家借助梭式窑烧制他们的陶艺作品。这种窑炉受欢迎的主要原因是易于建造、高效，以及可以获得极佳的柴烧效果。

犹他州立大学陶艺专业教授约翰·尼利（John Neely）设计建造了一种梭式窑。我在攻读学士学位期间受教于约翰，获得硕士学位后受聘于他的工作室，担任技术导师一职。多年来，我协助他为犹他州立大学建造了很多座窑炉，至今为止，我们已经在美国和加拿大建造了几十座窑炉。在我参与设计的几种柴窑类型中，梭式窑是最理想的。

梭式窑具有几项独一无二的优点。最简单的梭式窑外形犹如一个加长的箱体，燃烧室的位置较高，位于窑炉一端，烟囱位于窑炉的另一端。这种设计形式与其他类型的柴窑有所区别。第一个区别是窑室底部从前到后呈水平状，而其他类型的窑炉底部通常呈倾斜状或者阶梯状。

除此之外，我在燃烧室与窑室之间建造了一个阶梯式炉排，每一阶炉排上都设有通风口。这种炉排设计形式至关重要，借助它可以很方便的处理木柴余烬，在烧窑的过程中，只需根据实际需求选择性地打开某一阶炉排，就能将堆积其上的木柴余烬清理干净，无需使用炉耙捅灰。通过观察燃烧室窑壁上的通风孔，以及燃料层的燃烧状况，可以精确地控制烧成过程。

这种窑炉的另外一个特点是将燃烧室的位置抬高了。燃烧室因处于较高位置，进而令一次风首先流过木柴的顶部，然后穿越燃料向下流走并进入窑室内部。木柴被投放在燃烧室前后壁上的搁架上及一对钢栅条上。该位置至关重要，它可以借助引力促进木灰沉积。

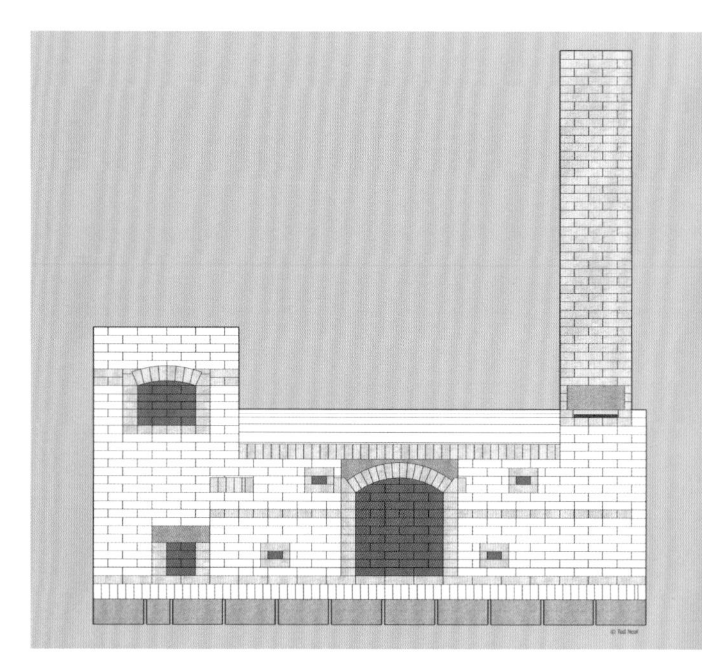

泰德·尼尔（Ted Neal），**小型梭式窑侧视图**。图片由艺术家本人提供

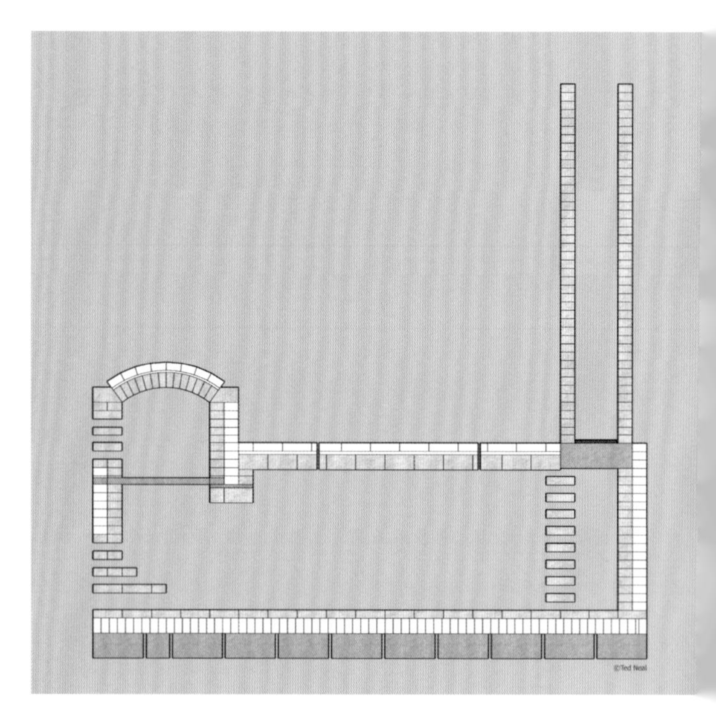

泰德·尼尔（Ted Neal），**小型梭式窑剖面图**。图片由艺术家本人提供

泰德·尼尔（Ted Neal），《筒仓》，金属附件，小型梭式窑烧成，还原气氛降温。图片由艺术家本人提供。

烧窑

我建造过各种各样的窑炉，也很喜欢烧窑，但我最喜欢用梭式窑烧制自己的作品。我凭借本能了解窑炉的一些属性：它是否容易调整，以及它对这些调整的适应速度有多快。近几年来，越来越多的同行开始尝试柴烧。那些以前从来没有烧过梭式窑的人通常只会惊叹于这种窑炉如此容易烧，他们无法设想我在探索的过程中付出了多少艰辛。

外观漂亮又容易烧的窑炉有很多。我对梭式窑情有独钟的原因是它的高效率。同样大小且可以快速烧制的小型柴窑通常无法烧制出理想的柴烧效果。梭式窑则不然，它能在节省燃料的同时烧制出外观极佳的柴烧效果。

我喜欢梭式窑的最后一个原因是它能与作品完美匹配，在烧窑的过程中我常常感到非常兴奋。其实，无论何种类型的窑炉都应该做到这一点。

建议

时至今日，我建造窑炉的时间已经超过20年，在此期间，我学习到了数百条有益的小知识，它们已经成为建窑过程的组成部分，无法以简明扼要的文字将其尽数书写下来，原因是它们都是在建窑过程中处理材料时的细节。要想将这些细节全部讲清楚，那得是一部鸿篇巨制才行。最好的学习方法是以志愿者的身份辅助有经验的建窑者，参与建造窑炉并做好笔记。强烈建议大家按照上述方式自学。

柴窑的烧成方法

如果这是你第一次主持烧柴窑的话，建议做好烧窑日志，将预定烧成温度清清楚楚地标记下来。当窑温介于649 ～ 704℃之间时会出现石英转化现象，需对该烧成阶段给予足够的重视。如果大家感觉良好，手头上掌握了大量之前的烧窑记录，可以在烧成初期设置一些目标。烧成初期是我的最爱：点火、密封窑门、做记录、规划投柴方案。如果你的孩子对你正在做的事情很感兴趣，此阶段让他们待在窑炉旁最安全，这也是一个很好的体验机会，可以让他们参与到需要花费数日才能完成的工作中。

烧窑全过程

装窑工作已经圆满结束了，热电偶和测温仪已经安装就位了，投向窑炉各个部位的木柴已经准备好了，烧窑日志已经拿在手上了，窑场附近已经放好手表或者时钟了，如有需要的话，数位志愿者已经准备好随时协助你了。有志愿者参与烧窑时，建议大家施行4～8小时的轮班工作制。在换班期间，建议即将离岗的班次晚走20分钟，即将上岗的班次提前到达20分钟。以便为二者解释、展示他们如何保持及控制窑温预留出足够的时间。之所以建议大家将轮班工作制的时间设为4～8小时，是因为每个人要想真正理解你在自己的班次上做什么工作至少需要1小时。换班太频繁极易导致窑炉熄火，原因是初次参与烧窑的人缺乏足够的烧成经验。换班时间不宜超过8小时，原因是志愿者会因为疲倦而赶不上烧成进度。通常而言，我倾向于每隔6～7小时换一次班。

检查下列事项：

- 装窑工作已经圆满结束
- 窑门已经用砖封堵住
- 烟囱挡板已经适度开启
- 主通风孔和二次风的入口已经用砖封堵住
- 测温锥组件观测孔和窑炉侧壁上的投柴孔已经用砖封堵住
- 热电偶和测温仪已经安装就位
- 投向窑炉各个部位的木柴已经准备好
- 小木块、粗细不等的树枝、投向窑炉侧壁处的木柴、纸张及手持式喷灯已经准备好
- 烧窑日志、钢笔或者铅笔、手表或者时钟已经拿在手上
- 水和零食已经准备好，也许还可以准备点咖啡
- 供自己和其他参与者休息的椅子已经准备好
- 志愿者了解自己的班次，组织者有大家的电话号码
- 穿着用天然纤维制作的衣裤，脚上穿着包趾鞋
- 如有需要的话，已经通知了邻居和消防局
- 已经为天黑后的采光做好准备（或已经为此做好规划）
- 皮手套、电焊手套及电焊眼镜已经准备好
- 已经过充分休息，准备好烧窑了！

和点燃篝火差不多，借助喷灯将小木块、报纸或者纸板引燃。可以用火柴或者打火机代替喷灯，但喷灯的优点是不需要反复启动。对于某些窑炉而言，可以用砖在窑炉外部的主通风孔旁砌一个小凳子，以方便烧窑者休息。对于其他类型的窑炉而言，可以同时点燃主通风孔处及燃烧室底部的木柴。无论何种类型的窑炉，都需以缓慢的、稳定的速度点火。你的目标是将火慢慢地推入窑炉内部。烧成初期尽量让火苗短一些，以便让其摄入足够的空气维持燃烧，火势会逐渐蔓延开来。

每小时的升温速度取决于窑炉的尺寸、作品是否经过素烧，以及作品的尺寸和器壁的厚度。在通常情况下，遵循下一页中的烧成时间表可以让烧窑工作顺利完成。

还原烧成结束后，重新打开烟囱挡板。当窑温达到08号测温锥的熔点温度后，开始还原烧成，之后保温烧成45分钟至1小时。

以每小时28℃的升温速度烧窑，直到窑温达到260℃为止。

以每小时42～56℃的升温速度烧窑，直到窑温达到538℃为止。

当窑温介于649～704℃时（石英转化期），以每小时52～83℃的升温速度烧窑。

以每小时83～111℃的升温速度烧窑，直到窑温达到预定烧成温度为止。

如大家所见，即使当窑温达到649～704℃之后，我仍然以每小时83℃的升温速度烧窑，原因是我发现如果此时的烧成速度太快的话，作品极易出现曲翘问题。大家会发现当窑温介于427～538℃之间时，某些区域——通常是窑炉前部——主燃烧室会因温度足够高而引燃位于炉排顶部的木柴。可以将炉排视为投柴过渡区，将一块中等粗细（干透）的木柴放在炉排上，观察其烧成状态。它开始冒烟并以很快的速度燃烧起来了吗？如果是这样的话，就可以往其他区域投放木柴了。先在炉排上下两侧分别投放几块木柴。对于梭式窑而言，可以将木柴从窑炉顶部扔到炉排上，或者继续从燃烧室的下部投放木柴。我通常会采用前一种投柴方式。

开始往炉排顶部投放木柴后，也就可以往窑炉主通风孔处投放木柴了。窑炉主通风孔位于主燃烧室上部，燃烧室窑壁上的通风孔是二次风的入口。为了给炉排上的木柴提供足够的助燃空气，需将气流向下引。在此过程中，窑炉内部的温度通常不会升至111℃以上，如果此阶段的烧成时间长达半小时的话，窑炉还会出现熄火现象。上述情况很正常，属于意料之中的事情。

适用于柴烧的测温锥组件

关于测温锥组件中的测温锥使用数量，建议初学者先多放一些，待大家对柴烧有所了解之后，再减少其使用数量。作为起点，建议大家使用下列号码的测温锥：08号测温锥，用于确定还原烧成的准确时间；01号测温锥，用于观测窑炉侧壁投柴孔处的烧成温度；03号及05号测温锥，用于观测窑炉内部的温度分布状况，哪些区域窑温较高，哪些区域窑温较均衡；07号测温锥，用于确定灰釉的烧成效果；08号、09号、10号测温锥，用于控制窑温；11号测温锥，用于确保安全烧成。当预定烧成温度超过10号测温锥的熔点温度时，建议大家在测温锥组件中额外添加一个熔点更高的安全锥。为了方便观测其烧成状态，装窑时需将测温锥组件摆放在距离窑炉侧壁投柴孔7.6～10.2 cm的位置上，这一点很重要。如果把它们摆放在太过靠近窑炉侧壁投柴孔的位置上，窑炉外部的冷空气会影响其准确性。测温锥组件的设置数量由自己决定。建议在以下区域内至少各放一组：窑炉前部、窑炉后部、窑炉中部、窑炉顶部、窑炉底部。除此之外，最好在窑炉的左右两侧也各放一个测温锥组件。在上述区域摆放测温锥组件可以让大家了解窑炉内部各区域的烧成温度是否均匀一致。

临近烧成结束时检查烧窑记录，以确保烧成时间超过8小时，或者窑温已达到7号测温锥的熔点温度，然后决定何时开始降温。在高温状态下保温烧成一段时间，有助于提升作品的釉面效果。

从燃烧室底部开始点火。

往更多区域投放木柴之前，先用耐火纤维封堵住窑门上的缝隙。

还原烧成

我通常会在窑炉前部的烧成温度达到08号测温锥的熔点温度后开始还原烧成。此时还原对坯料和窑炉均有利。当窑温介于08号～01号测温锥的熔点温度之间时，保温烧成1小时可以使窑炉内部的温度均匀分布。

为了营造还原气氛，需将窑炉上的主通风口和二次风入口封堵住，往燃烧室内添加木柴，闭合烟囱挡板，直到窑炉内呈现出负压状态为止。若此时将烟囱挡板抽出来一点的话，负压会消失。此时，放在窑炉内部的作品正处于还原烧成气氛中。可以闻到还原烧成的独特气味。如果大家不知道它是什么味道的话，只需要闻一次就了解了，闻起来很像硫磺的味道。如果闻起来特别刺鼻的话的，需将烟囱挡板抽出来一些，以淡化气味。还原状态下的火焰很柔和，跳动性很强，此时窑炉内的烧成温度会下降一些或者以极慢的速度升温。当窑温持续下降时，需将烟囱挡板抽出来一点。此阶段的降温幅度不宜过大，维持慢速升温就好。此阶段的木柴投放量比之前少很多。待还原烧成结束后，再增加木柴的投放量。

注意：负压是指火焰无法排出窑炉外部时产生的压力。负压的形成条件是闭合烟囱挡板，以及将窑炉上的主通风口和二次风入口封堵住。负压形成后，火焰会从窑炉上的主通风口和燃烧室的门中冒出来。

要想终止还原烧成，需将窑炉恢复到还原烧成之前的运行状态。重新开启窑炉上的主通风口及所有的烟囱挡板。点火时也要开启烟囱挡板，此时的开启幅度要比点火时小一些。点火时的烟囱挡板呈彻底开启状。此时的烟囱挡板距离烟囱内壁17.8 cm。

还原烧成结束后，距离预定烧成温度1 093～1 204℃只剩下很短一段时间了。

窑炉侧壁投柴孔

如果窑炉侧壁上设有投柴孔，你也打算启用它们的话，建议当看到窑炉内部的火势呈现出平稳状态后，立即开始往窑炉侧壁投柴孔内投放木柴。其最佳时机是当放在燃烧室旁边的测温锥组件中的1号测温锥开始熔融弯曲。其检查方法是将紧靠燃烧室的最底层窑炉侧壁投柴孔打开，放入一块木柴。观察其烧成状态，木柴是否立刻燃烧起来？如果是，就可以往窑炉侧壁投柴孔里投放木柴了。如果窑炉上建造了很多个侧壁投柴孔，需按照上述方法检查每一个底层投柴孔。一般来说，窑炉侧壁投柴孔的启用顺序是从窑炉前部开始逐渐向后部延伸，直到所有的窑炉侧壁投柴孔全部启用为止。从此刻开始，燃烧室上的投柴孔和窑炉侧壁投柴孔全部启用，直到达到预定烧成温度和理想釉面效果为止。

从此刻开始，需时不时地往窑炉侧壁投柴孔内投放木柴。这并不是让大家持续不断地投柴，而是要在心中铭记这一点。有两种投柴方法。第一种方法叫“侧投法”，投柴的速度要快一些——动作轻柔，木柴的投放角度垂直于对面的窑壁——将木柴投放到窑炉内部较低的余烬层上。第二种方法叫“空投法”，将木柴放入位置较高的窑炉侧壁投柴孔中，尽量往里推一些，但不要让它掉下去，就让它悬空燃烧。上述两种方法可以让大家同时兼顾不同位置的投柴孔。“空投法”适用于窑炉中部及顶部

窑温难以提升时。除此之外，“空投法”对放置在上述区域作品的烧成效果也大有裨益。

即使窑炉侧壁上设有投柴孔，也不一定非得启用它们。如果大家想让作品的外表面效果微妙一些，更多展现火焰肌理，或者想在窑炉侧壁的过道里摆放作品，就无需启用窑炉侧壁投柴孔。如果窑炉侧壁上设有投柴孔，我建议先启用它们试烧几窑，待稍后对柴烧有了更多了解之后，再根据实际需求决定是否启用。

保温烧成

当窑温达到1 149℃时，我通常会保温烧成8小时。与其他柴烧艺术家的保温烧成温度相比，我的温度偏低，原因是我选用的炻器坯料配方内富含氧化铁，窑炉内部所有区域的烧成温度不宜超过10号测温锥的熔点温度。当某位柴烧艺术家的预定烧成温度低于10号测温锥的熔点温度时，他们也会适度降低其保温烧成温度；当其预定烧成温度为12号测温锥的熔点温度时，他们会在窑温达到1 204℃时进行保温烧成。8小时保温烧成就可以在作品的外表面上形成丰富的灰釉效果了。

保温烧成的时间和温度需要长期实践。如果大家在很多作品外表面上施了釉，那就根本不需要依赖木柴提供灰釉——不需要进行保温烧成。大家也可以试试将保温烧成的时间设定为一整天会发生什么情况。保温烧成的效果是否好，取决于窑温是否足够高，是否可以让木灰熔融在作品的外表面上。基于上述原因，建议大家不要在窑温低于7号测温锥的熔点温度之前保温烧成。当大家想长时间保温时，建议在窑温高于9号测温锥的熔点温度之后保温烧成。坯料对时间和温度均会作出反应。如果在9号测温锥的熔点温度下长时间保温烧成，其实际窑温会提升至10号或者11号测温锥的熔点温度。

用灰浆封堵缝隙

将泥浆状的回收黏土和沙子混合在一起并借助这种混合物封堵窑炉上的缝隙。可以使用硅砂，但普通的沙子更便宜，五金店里就能买到。先在一个容积为19 L的桶里装半桶泥浆状回收黏土，再装半桶沙子。我通常用手搅拌直到二者完全混合为止。沙子可以起到降低收缩率的作用，将混合物涂抹在炙热的窑炉缝隙上时，它不会因快速变干而开裂。手工混合时，能让人联想起儿时玩泥巴时的愉快经历。这也算是一种大众喜闻乐见的娱乐方式吧！

如果大家手头上没有泥浆状回收黏土，也可以使用回收的黏土干粉。先将其放入容积为19 L的桶里，然后加水，确保水面覆盖住所有黏土干粉。至少静置24小时，让黏土干粉充分软化，进而达到理想的浓稠度。

待将窑炉上的所有缝隙全部封堵住之后，开始闭合烟囱挡板。调整烟囱挡板的位置可能需要20分钟，具体时长取决于窑炉内部的烧成状态。想让火势更猛烈一些的话，需要将烟囱挡板多抽出来一点。烟囱挡板的闭合时间不宜过早，这样做会在窑炉内部形成负压，进而导致火焰冒出。当看到火焰从窑炉内部往外冒时，将烟囱挡板抽出来一点，直到火焰消失为止，然后再慢慢地将烟囱挡板闭合一些。烟囱挡板彻底闭合的那一刻，烧成就结束了。祝贺你！此时，你既可以回家休息，也可以像我一样让窑炉维持还原烧成的状态。不管怎样，接下来都会是一段平静的时光。

当窑炉上的主通风孔和二次风通风孔被密封起来，燃烧室的门被砖砌起来并用灰浆封堵住之后，开始慢慢地闭合烟囱挡板。我一边移动烟囱挡板的位置，一边观察燃烧室的排烟情况。一旦看到有烟雾冒出来，就停止手上的动作。根据实际情况多次重复上述步骤，每隔5 ～ 10分钟尝试一次。

最后一次投柴后，用砖将燃烧室的门封堵住。

烧成结束

仔细观察窑炉内部的烧成状态，当放置在测温锥周围的作品外表面看起来很光亮，釉料达到其熔点温度或者灰釉呈现出不错的烧成效果，就可以结束烧窑了。最后一次投放木柴，闭合烟囱挡板，将窑炉上所有的缝隙密封住，然后回家。

临近烧成结束时，每一位烧窑者都会往燃烧室和窑炉侧壁投柴孔内投放大量木柴，进而让窑炉内部充满厚度不等的余烬。我会在此时投放大量木柴，原因是想让窑炉维持还原烧成的状态。我认识的其他烧窑者不一定会这么做，他们倾向于让窑炉持续高温烧成，以确保木灰能很好地熔融在作品的外表面上。大家会在实践中找到自己的喜好。决定结束烧成时，需将燃烧室密封起来（可以用砖将燃烧室的门封堵住），将所有的测温锥观测孔及窑炉侧壁投柴孔封堵住，将窑门上的明显缝隙封堵住。同样，随着时间的推移和经验的积累，大家的密封方案可能会所改变。可以借助上文中介绍的由回收黏土和沙子混合而成的灰浆密封上述部位。密封后的窑炉内部温度均衡一致。我喜欢用抹刀把灰浆填堵在缝隙里，但其他任何一种适合涂抹灰浆的工具都能使用。

常见问题和关注重点

窑炉没有抽力

在一些多风的地区，当地的烧窑者必须在烟囱里额外点燃一堆火，才能让窑炉内部产生抽力。这种烧成方法不是所有类型的窑炉都可能实现的，也不是必须要这么做的。如果你居住在一个多风的地区，窑炉可能需要更长时间才能产生抽力。可以想办法将窑炉遮挡起来，以避免上述问题。

窑炉没有抽力的另一个原因，可能是装窑方式有问题。如果窑炉后部的烧成温度较高或者长时间无法升温，很有可能是因为作品摆放得太密集，没能为火焰提供一个清晰的穿越路径。假如多次尝试烧窑后，窑炉后部的烧成温度仍然维持在较高水平或者窑炉内部的抽力仍然不足，那么很有可能是窑炉设计得有问题。可以通过增加烟囱高度的方式提升抽力。

窑温为什么升不上去

装窑方式没问题，窑炉设计没问题，你也以正确的方法提升窑温。但温度却始终停滞不前。若将其他因素也考虑在内的话，很有可能是燃料和空气的问题。需要增加或者减少木柴的投放量，将更多或者更少的空气引入窑炉内部。

- 一个简单的检查方法是轻轻打开燃烧室的门，观察测温仪的读数是正在上升还是正在下降。如果温度正在上升的话，就打开一个通风孔以防木柴投放得太多，而空气的补给量跟不上。如果温度正在下降的话，就说明木柴的投放量不足，下次投柴时需多放两三块木柴。
- 试图升温时，改变木柴的尺寸也是个不错的办法。将不同粗细的木柴混合在一起投进窑炉中，窑温会更均匀。使用同样粗细的木柴烧窑，窑温的提升速度很快，但降温速度更快。如果大家只想升温的话，这一点很关键。
- 每次投放木柴时，窑温都会下降一些。当木柴开始燃烧后，窑温会缓慢升高。窑温不断波动也是柴烧的组成部分。选择在什么时候投放木柴取决于想提升窑温还是想让其维持在恒定的温度下，一切都以想让作品呈现出何种烧成效果为前提。

某个测温锥不熔融弯曲

窑炉内部的整体烧成状况还不错，但某一个测温锥就是无法融熔弯曲。

- 测温锥的周围是否有余烬？如果有，停止往该部位投放木柴，先让余烬彻底烧尽，该区域稍后会逐渐热起来。
- 能借助前文中介绍的“空投法”提升该区域的烧成温度吗？将木柴放入位置较高的窑炉侧壁投柴孔中，尽量往里推一些，但不要让它掉下去，就让它悬空燃烧。这种方法可以有效提升窑炉中部及顶部的烧成温度。
- 测温锥的放置位置是否太靠近窑壁？来自窑炉外部的冷空气会将测温锥组件置于较冷的环境中——下次将其摆放的靠里一点。
- 是不是将测温锥组件放在立柱或者大罐子的后面了？因为它被前面的东西挡住了，所以很难获得足够高的温度。下次装窑时务必检查一下，不要让任何东西遮挡住它。
- 烟囱挡板开得够大吗？如果不够大的话，可以通过适度开启烟囱挡板的方式增强窑炉内部的抽力。

所有的测温锥全部融熔弯曲了

尝试将上一组注意事项反过来操作：

- 停止“空投法”。
- 待余烬堆的高一些之后再投柴。
- 适度闭合烟囱挡板。这种方法特别适用于窑炉后部。
- 降低保温烧成的温度。黏土对时间和温度均有反应。长时间保温烧成，会令窑温超过其预定范围。将保温烧成的温度降低10℃可以有效延缓测温锥的熔融弯曲时间。

窑炉仿佛有了自主意识，窑温越升越高

有两种方法可以解决这个问题：增加或者减少木柴的投放量。选择哪一种方法，取决于窑炉设计形式或者想让作品呈现出何种烧成效果。木柴的投放量过多时，会超过烧窑的实际需求量，窑温会停滞不前甚至出现降温现象。过量投放木柴时，燃烧室和窑炉侧壁投柴孔处都是满的，窑温会持续上升，此时需将某些通风孔封堵起来。窑温还在上升吗？如果是的话，那就把烟囱挡板也闭合起来。

另一种方法是通过少添加木柴降低烧成温度。我不喜欢让炉排空着，所以可以通过封堵通风孔的方式，确保仍然可以往炉排上投放木柴。

柴窑的出窑方法和烧成效果预测

烧成结束后，就有时间休息了（或许此时你很担心窑炉里的作品吧）。待窑温足够冷却后就可以出窑了。是时候收取辛苦工作的回报了！

拆除封堵窑门的砖时，要做好某些砖很难拆下来的心理准备。砖会在升温的过程中膨胀，之后又在降温的过程中收缩。我们是在窑炉升温的时候将砖砌上去的。也正是因为这个原因，得付出一点耐心才能把若干块砖弄松。我会借助抹刀的边缘将砖缝里的灰浆刮干净。拆除砖块时，最好将拆下来的砖有秩序的码放在窑门边上，下次装窑时就不用费劲地到处寻找它们了。为了方便出窑，在建造拱顶式窑门时，需至少将其设置为三块砖的长度，可以借助砖锯完成这项工作。从长远的角度来看，在拆除封堵窑门的砖时，花点时间将拆下来的砖有秩序地码放一下，不仅可以为日后的装窑工作节省出不少时间，还能有效避免手忙脚乱地到处找砖的尴尬。

待将封堵窑门的所有砖彻底拆下来之后，就可以从窑炉内往外拿作品了！拿之前先拍照。这些照片可以成为下次烧窑时的参考资料。只要作品的外表面足够凉，就无需佩戴手套。徒手端拿作品时，它们不太可能掉落。但在卸除硼板和立柱时，建议大家佩戴手套。有些时候，硼板和立柱的边缘会很锋利。我出窑的时候，喜欢在卸除硼板之前先将尽可能多的作品取出来。有些时候，硼板和立柱上即使涂抹了窑具隔离剂，也放置了填充物，但二者仍然会粘在一起，卸除时需要稍微摇晃一下。当硼板和立柱以一种意想不到的方式失去稳定性时，最好先将大多数作品安全地取出来。

从窑炉内部往外拿作品之前，最好先将窑炉侧壁投柴孔下方的灰烬轻轻地清理干净。建议大家使用金属簸箕，以防止灰烬余热未消进而灼伤皮肤。清理灰烬之前，先花点时间将所有窑炉侧壁投柴孔下方的落灰情况拍照留档。这样做有两个目的。第一，准确地记录下窑炉内部该区域的

落灰情况，并与前次烧窑后的照片作以比较；第二，可以根据落灰情况判断什么样的作品适合放在该区域。

根据自己的判断，先将作品周围的区域清理干净，直到可以清晰地看到它们。不知道会有多少人对烧成效果感到满意。原因是柴烧的考虑因素多，入窑烧制的作品数量多，很难兼顾到每一件作品的烧成效果。

通常来说，放置在燃烧室周围及窑炉侧壁投柴孔处的作品多会呈现出灰釉肌理，放置在窑炉内部位置较高处的作品受热更多、釉面更亮，多会呈现出火焰肌理。在出窑的过程中，如果发现作品的外表面上出现了某种烧成缺陷，尽量找出其形成原因。以下是一些常见的问题及其解决方法：

- 作品严重变形，并伴有膨胀现象：坯料有问题。出于某些原因，坯料与烧成不相适应。可能是烧成时间不合适，也可能是预定烧成温度不合适。可以通过更换坯料或者改变烧成方式解决上述问题。
- 许多作品出现曲翘现象，体量较大的作品侧面上出现裂缝：升温速度太快。下次烧窑时需将升温速度放慢一些。
- 填充物将作品顶变形：仔细检查是否将填充物放置在器壁较厚的位置。将作品层层叠摞起来烧制时，数个填充物是否相互对齐放置在器壁较厚的位置？也可能是填充物的使用量不够多。如果这次用了3个填充物支撑作品，作品变形了，那么下次装窑时可以将填充物的使用量增加到5个。
- 所有的填充物都熔融粘在作品的外表面上：填充物的放置位置有问题，或者将其贴合到了施釉作品的外表面上。
- 很难将填充物彻底清除干净：使用纯度更高的沙子（例如用硅砂代替普通沙子）及耐火黏土或者其他更适宜的材料制备填充物。有些时候，一个简单的调整就能获得巨大的改变。

通常情况下，当遇到难以解决的烧成问题时，强烈建议大家请教一下烧类似窑炉的人。从事柴烧及陶艺的同行人数众多。经验丰富的制陶者和艺术家们十分乐于分享知识及提供帮助。

作品赏析

所有图片均由艺术家本人提供。

利兹·鲁里（Liz Lurie），《罐子》，柴烧，还原降温。

考特尼·马丁（Courtney Martin），《灰色盘子》，柴烧。

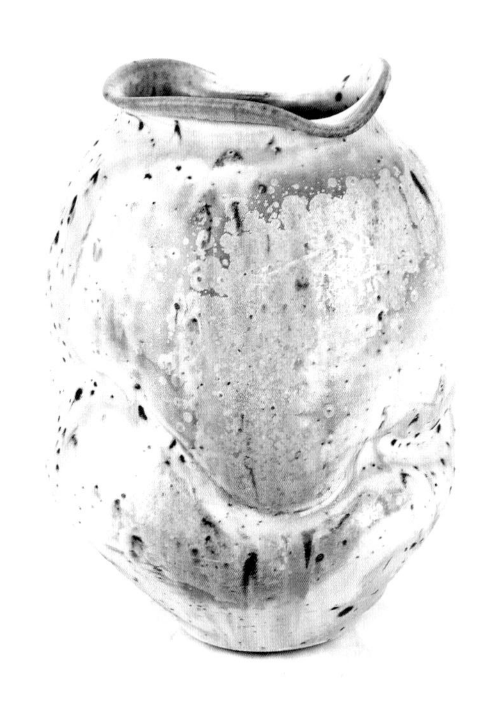

佩里·哈斯（Perry Hass），《花瓶》，柴烧。

佐竹明，《雕塑花瓶》，柴烧，还原降温。

贝齐·威廉姆斯（Betsy Williams），《两只杯子》，柴烧。

拉尔斯·沃尔茨（Lars Voltz），《硬壳碗》，柴烧。

特雷弗·邓恩（Trevor Dunn），《花键齿轮》，柴烧，还原降温。

肯·塞德贝里（Ken Sedberry），《兔子》，柴烧。

乔纳森·克罗斯（Jonathan Cross），《核心V》，两次烧成，先是苏打烧，然后是柴烧。

普里西拉·穆利兹（Priscilla Mouritzen），《8只碗》，柴烧。

丹尼尔·墨菲（Daniel J Murphy），《茶壶》，柴烧，还原降温。

简·霍尔德（Jane Herold），《意大利面碗》，柴烧。

伊斯瑞尔·戴维斯（Israel Davis），《睡梦中的兔子耳朵》，柴烧。

桑迪·洛克伍德（Sandy Lockwood），《黑白系列罐子》，盐釉，柴烧。

琳达·克里斯汀森（Linda Christianson），《红色条纹壶》，柴烧。

丹尼尔·拉弗蒂（Daniel Lafferty），《球形罐》，柴烧。

泰德·阿德勒（Ted Adler），《器皿》，柴烧。

亨特·达格利什（Hunt Dalglish），《动物罐》，柴烧。

利兹·鲁里（Liz Lurie），《雕刻碗》，柴烧，还原降温。

佐伊·鲍威尔（Zoe Powell），《分料碗》，柴烧，还原降温。

亨利·克里斯曼（Henry Crissman），《瓷质容器》，阶梯窑柴烧。

泰德·尼尔（Ted Neal），《香料罐》，柴烧，还原降温。

多诺万·帕姆奎斯特（Donovan Palmquist），《卡苏莱锅》，柴烧。

第四章

乐　烧

我用过的第一座乐烧窑建造在大学陶艺教室的后门外面。它的尺寸较小，由普通红砖和铁丝网围合而成。那是春天的一个晴朗下午，大约12位同学聚集在窑炉四周，教授讲解了如何安全地用火钳将窑炉里炙热的作品夹出来。

通过乐烧窑，我深入了解了陶艺作品的烧制过程，也正是因为这个原因，我第一次将作品从还原窑室中取出来的记忆清晰得就像发生在昨天一样。当时的感觉就是好神奇啊！还记得我提起窑盖，紧张地从一堆炙热的坯体中夹出一个，然后将其小心翼翼（也很笨拙）地放进填塞着报纸和锯末的桶中。再之后，我将桶盖盖好，彼时桶内的作品正在燃烧。烧成后的作品外表面上呈现出各种各样的釉色：闪亮的青铜色、亚光黑色、白色裂纹。我迫不及待地想再试一次。这就是陶艺吗？于是这次烧成体验开启了我的职业生涯。

虽然现在的我多被同行们称为柴烧艺术家，但是乐烧让我走上了陶艺道路。本章中介绍的大多数内容来自雷·博格尔（Ray Bogle）。他从事乐烧的时间近30年，在乐烧领域有着丰富的知识和经验。他在自己的家庭工作室内教授乐烧课程，真诚地希望能为对乐烧感兴趣的陶艺爱好者们揭开这种烧成工艺的神秘面纱。

制作适用于乐烧的陶艺作品

制作适用于乐烧的陶艺作品时，需考虑两方面的因素。第一，坯体具有吸水性。因此，这类作品不适合盛水或者长期接触潮湿的物品。乐烧的温度不足以使黏土玻化。烧成后的黏土仍然具有多孔性，也很易碎。当然，也可以通过某些方法将烧制后的作品外表面密封起来。用市面上出售乐烧釉料装饰的乐烧作品，据说可以达到完全防水的效果。但我还是建议大家不要让乐烧作品接触任何潮湿的物品——尤其是食物和饮料。原因是上述物品会对乐烧作品的密封层造成一定程度的影响。细菌会在潮湿的环境中滋生，久而久之，水分会快速改变或者损坏作品。

为乐烧准备的素烧作品：由高岭土制成的作品、由黏土制成的作品和由赤陶黏土制成的作品。

虽然有些人可能会认为没必要，但在乐烧作品的外表面上绘制一些装饰纹样其实也是不错的尝试。这种做法极具挑战性，并且不会对乐烧造成负面影响！低温烧成意味着作品不会熔融变形，烧成速度也较快。低温烧成的另一个优点是可以重烧作品，其外观与前次烧成效果看起来完全不同。虽然复烧有助于改善作品的烧成效果，但再次装窑却不容易，原因是经过烧制的作品很容易开裂，所以要谨慎处理。

第二，需要趁热将作品从窑炉里取出来。换言之，作品的尺寸需适宜。操作者需要借助火钳将其安全地夹起来。除此之外，如果作品上带有很多易碎的附件造成重量较重，或者因为其他原因很难将其夹起来，那么在正式烧成之前最好练习一下如何安全地夹取它。

其实有很多轻松夹取作品的方法。例如，可以用镍铬耐热合金丝制作一个框架，用它将体积较大的作品提起来；在火钳上包裹一层高温绝缘材料，以获得更加柔软的触感（不适用于施釉作品）；装窑时充分考虑作品的放置位置，将作品放在便于夹取的部位，或者放在窑炉内部较高处；佩戴耐高温手套拿取作品，而不是用火钳将其夹出来。如果作品呈收口形且其外表面上施了釉，那么最好先将火钳放在坯体内部，然后再将其从窑炉里夹起来，避免火钳接触釉面。花点时间考虑如何安全地将作品从窑炉里夹出来可以有效减少作品的破损率。

适用于乐烧的坯料

造成乐烧作品破损的主要原因是磕碰和热震。将炙热的作品从窑炉中夹出来并放置在室温环境中或者烧成速度太快时，坯体均有可能因热震而破裂。在详细讨论烧成问题之前先来了解一下坯料的热震反应。

只有通过实践才能了解所使用的坯料及其在烧成过程中的热震反应。适用于乐烧的坯料配方内通常含有大量沙子或者熟料，具有多孔性及良好的抗热震性。市场上出售各种各样的乐烧坯料，陶艺师可以从所在地的黏土经销商手上或者网上购买。

除此之外，建议尝试那些没有被特别指明为乐烧坯料的坯料，只要其配方中至少含有30%的沙子或者熟料就行。通过测试这类坯料，陶艺师将获得更加丰富的烧成效果，这或许可以引导人烧制出极具个性化的陶艺作品。

注意：含沙量较高的坯料具有显著的优点，它们比质地细腻的坯料干得更快，当需要快速烘干作品时，它们不容易出现开裂现象。

如果对制备和测试乐烧坯料很感兴趣，可以在网上快速搜索到很多配方。有些适用于气窑烧制的炻器坯料亦适用于乐烧。只需在炻器坯料配方内添加一些沙子或者熟料就可以将其改造成乐烧坯料。起始添加量为30%左右（需要注意的是，这里的30%是指原料干粉，而不是加水后的混合溶液），具体添加量取决于所使用的坯料类型。也可以选择不同粒度的沙子和熟料，蛭石和蓝晶石也能有效提升坯体的抗热震性。还可以往坯料内添加一些有机材料，例如咖啡渣或者锯末，这些材料会在素烧的过程中燃烧殆尽，有助于提升坯体的多孔性及抗热震性。如果打算做一件器壁特别厚的作品，那么最

从左到右，从上到下依次为：坯料坑烧、剥釉乐烧、绿松石色釉乐烧、剥釉乐烧、绿松石色釉乐烧、锯末坑烧、硫酸钴坑烧、高岭土坑烧、坯料坑烧结合绿松石色釉乐烧、透明裂纹釉乐烧、坑烧、擦拭三氯化铁溶液坑烧、高岭土坑烧、高岭土试片上绘制赤陶黏土纹饰素烧、剥釉乐烧、坑烧。

好往其坯料内添加一些有机材料。器壁越厚，越要求黏土具有更强的抗热震性。

你可能在想，“我怎么知道哪一种黏土具有较好的抗热震性？”选材时需要注意两个关键因素：配方中需含有大量沙子或熟料；其烧成温度范围要足够广。许多商业生产的乐烧坯料可以烧至中温。不建议大家选择烧成温度较低的坯料，原因是即使将烧成温度控制在其可承受的范围内，它们也很有可能在低温环境中玻化，坯体的孔隙率降低，抗热震性减弱，对还原气氛的适应能力较差。以下是一种很适合乐烧的坯料配方，它也是玛西娅·塞尔索（Marcia Selsor）的主要创作材料：

玛西娅·塞尔索的乐烧坯料配方

肯塔基球土	20
#6型高岭土	50
硅灰石	8.5
滑石	1.5
熟料（中等粒度和极细粒度）	17
蓝晶石	3 ～ 5
用于制作大泥板时需额外添加	3 ～ 5
膨润土/硅藻土	0.05

乐烧之前，将作品采用正确的方式素烧一遍有助于提升其持久性。具体烧成温度取决于所使用的坯料及釉料的熔点温度。但通常来说，最佳素烧温度为08号测温锥的熔点温度，不要采用超过04 ～ 03号测温锥的熔点温度素烧作品。

选用何种颜色的坯料取决于个人喜好，但一般来说，颜色较深的坯料比颜色较浅的坯料发色更微妙。有趣的是，颜色较深的坯料比颜色较浅的坯料玻化程度更高，原因是前者配方中的铁可以起到助熔作用。赤陶坯料经过还原气氛烧成后仍保持红色，原因是这种坯料的质地十分细腻，烟雾无法渗入坯体外表面进而生成黑色。

乐烧前的准备工作

乐烧釉料多种多样。一般市面上出售的乐烧釉料主要分为以下几类：铜釉，绿松石色釉，透明裂纹釉，基础釉，低温釉。虽然其标签为乐烧釉料，但在使用之前还是需要测试。就像坯料一样，你不知道它们是否真正适合乐烧。用低温烧制高温釉料时，有可能获得非常好的烧成效果。最简单的方式是在作品的外表面上喷涂一层低温透明釉。很多陶艺家为了得到某种特殊的烧成效果，会故意将烧成温度设置到低于或者高于釉料的熔点温度，而这种烧成方法同样适用于乐烧釉料。即使是上述常见乐烧釉料，在不同窑温环境中，其釉面效果及烧成反应亦会发生改变。有些乐烧釉料极具流动性，有些釉料很稳定。

可以通过浸釉法、喷釉法、涂釉法或者淋釉法为作品施釉。本书中收录的我的所有作品均采用涂釉法。我之所以使用涂釉法，主要出于下述几个原因：不需要像浸釉法或者淋釉法那样准备大量釉料，仅需准备少量釉料即可；可以更好地控制釉层厚度。有些釉料适合涂得薄一点，有些釉料则适合涂得厚一点。一个普遍的规律是，釉层越厚越容易开裂，例如透明裂纹釉。往作品外表面上涂釉料时，最好从不同的角度涂。例如，商业生产的低温釉最好涂三层：第一层从左向右涂，第二层从上向下涂，第三层斜向涂。

注意：尽管乐烧窑的最高烧成温度约为1 010℃，但乐烧釉料的烧成温度可能略有区别。有些乐烧釉料需要将窑温设置的稍微高一点才能熔融，有些乐烧釉料在较低的烧成温度下更易产生好效果。就像釉层厚度可以显著改变作品的烧成效果一样，温度亦如是。

釉料

铜釉：这类釉料包括亮光釉和亚光釉。一般来说，亮光釉比亚光釉更具稳定性，后者很容易失去其亚光特质。当遇到这种问题时，可以通过密封釉面或者其他方法提升其稳定性（此问题不容忽视，尤其是当你想要烧制出釉面效果一致的作品，并打算出售它们时）。铜釉可以呈现出多种颜色：紫色、粉色、红色、蓝色、黑色。在还原窑室内添加可燃物，可以得到黑色的釉面。铜元素是很好的还原剂，所以将作品快速放入还原窑室中可以获得最佳效果。

铜釉

绿松石色釉

铜/蓝色乐烧釉（烧成温度范围为982～1 010℃）

这种釉料呈缎面亚光效果并带有蓝色、金色、绿色闪光点。用卡斯特（Custer）长石代替配方中的骨灰时，亚光釉会转变为亮光釉。

泽斯特利（Gerstley）硼酸盐	80.0%
骨灰	20.0%
添加剂	
碳酸铜	5.0%
氧化钴	2.5%
氧化锡	1.3%

绿松石色釉：这种釉料的基础釉与铜釉相似。二者间的主要区别在于作品进入还原窑室之前，釉面摄入的氧气量不同。将作品从窑炉中夹出来后，在空气中多停留一段时间，观察釉面的变化。待釉面上出现蓝色后，再将其放入还原窑室中。之所以会出现蓝色，是因为作品在空气中停留的时间较长。与可燃物直接接触的部位往往亦呈黑色。

瑞克（Rick）研发的绿松石色釉（烧成温度为954℃）

使用这种釉料之前，最好先计算一下应该将作品放置在空气中多长时间，之后再将还原窑室的盖子盖严。只有这样才能烧制出完美的绿松石色。

泽斯特利硼酸盐	39.0%
碳酸锂	21.0%
锂辉石	20.0%
霞石正长岩	20.0%
添加剂	
锆英石	19.0%
碳酸铜	2.6%
爱普生盐	0.6%

透明裂纹釉

透明裂纹釉：这类釉料是我最喜欢的乐烧釉料。烧成效果极好的透明裂纹釉会让人联想到经年累月的美丽铜锈。釉面上的裂缝呈黑色，釉面完好处通常是坯料的颜色。当使用白色坯料制作作品时，该部位即呈白色；当在坯体的外表面上涂抹某种颜色的化妆土或者赤陶泥浆时，化妆土的颜色会显现出来。用点画法在坯体的外表面上涂抹一层厚厚的釉料可以强化裂纹效果。在此过程中，可以把釉液想象成小圆球或者小水滴。将作品从窑炉里夹出来后，最好先将其放在空气中冷却一段时间，之后再放入还原窑室中。

透明裂纹釉（烧成温度范围为982 ～ 1 010℃）

如前文所述，这种釉料适合涂得厚一些，其最佳浓稠度类似于酸奶。

泽斯特利硼酸盐	39.0%
卡斯特长石	20.0%

商业生产的低温釉：商业生产的乐烧釉料烧成效果与厂家的描述完全相符，并且这种釉料极易出现裂纹效果（原因在于快速降温）。按照零售商提供的使用说明书进行操作。如果想测试一下这种釉料还能出现何种烧成效果，那么可以从比厂家建议的更薄或者更厚的涂层开始尝试。

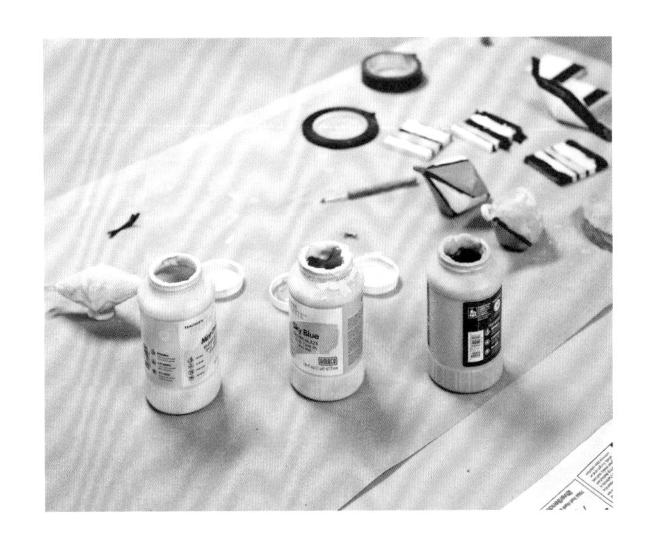

往试片上涂抹铜釉。

添加其他材料

当找到了最吸引你的乐烧釉料之后，可以通过添加其他材料的方式强化某种釉料、肌理或者获得更好的烧成效果。以下材料仅供参考。

硅酸钠：想让釉面上出现更多裂纹吗？考虑一下硅酸钠，它很容易在你所在地的陶艺用品商店里或者在网上找到。在拉坯成型或者由其他成型方法塑造的作品外表面上，薄薄地刷一层硅酸钠，用热风枪快速吹干，之后从作品内侧施力向外延展。延展的面积越大，裂纹就越明显。需要注意的是，操作时不能接触延展面。举例说明：先用拉坯成型法塑造一个圆筒，之后在其外表面上刷一层硅酸钠，用热风枪吹干其外表面（直到其外观从湿变干为止），再之后将手伸进圆筒内部，向外推，将圆筒逐渐延展成一个大球体。可以将这种装饰技法与其他装饰技法结合在一起使用，包括涂抹彩色化妆土、绘制或者压印肌理，再或者将坯体部分遮盖起来，进而形成裂纹或非裂纹相互交错的装饰纹样。乐烧中的奥瓦拉（Obvara）技法就是借助硅酸钠在作品的外表面上创作肌理。后文中的艺术家专栏版块，玛西娅·塞尔索（Marcia Selsor）将与大家分享她的奥瓦拉配方。

赤陶封面泥浆：如果想将坯体的外表面密封起来，通过涂抹泥浆的方式使其在烧成之后呈现一定的光泽或者想让颜色更具层次感的话，那么可以使用赤陶封面泥浆。当作品达到半干程度或者接近全干时，再涂抹赤陶封面泥浆。可以在彻底干透的坯体上涂抹这种泥浆，但其开裂概率会随着涂层厚度的增加而增加。赤陶封面泥浆本身自带光泽度，但是如果想让作品的外表面呈现出更加光滑的效果，可以对其做进一步的抛光处理。可以通过添加着色

将流到盖子下部的釉液擦干净。

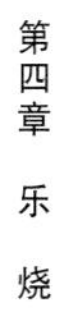

剂的方式，为赤陶封面泥浆增加一份趣味性。用赤陶封面泥浆装饰的作品不宜施釉，原因是釉层会将你付出的所有努力全部覆盖住。

隔釉材料：可以通过在作品的外表面上涂抹或粘贴蜡液、胶带、乳胶、湿纸、模板和贴纸的方式，创作出硬朗的线条和图案。可以将上述隔釉材料与赤陶封面泥浆、化妆土或者釉料结合在一起使用。这类材料既适用于未经烧制的生坯，也适用于素烧坯体。装饰作品时，最好在釉面和无釉之间或者在化妆土涂层与非化妆土涂层之间设置一个明确的界限。不同的隔釉材料会形成不同的装饰效果。胶带有多种宽度，非常适合创作线形纹饰。如果使用的是宽度为2.5 ～ 5 cm的胶带，还可以将其切割成各种形状，并借助这些形状在作品的外表面上创作有釉和无釉的图案。需要注意的是，在烧窑之前需先将隔釉材料清除掉。唯一的例外是蜡液，它会在烧制的过程中燃烧殆尽。虽然其他类型的隔釉材料也会在烧制的过程中燃烧殆尽，但事先将它们清除掉更不易出现残留物。除此之外，这样做还能让乐烧窑的环境保持清洁。

关于抛光

抛光是指当陶艺作品达到半干程度后，进一步打磨其外表面。抛光时长取决于耐心、使用的工具，以及希望达到的光滑程度，这个过程可能非常快或者需要几个小时，可以分阶段抛光。

先在作品的外表面上薄薄地刷几层赤陶封面泥浆。待泥浆层的外观不再那么湿漉漉，用手触摸时不会留下手指印时，用一块细腻的布料包裹住手或者一把宽勺子，开始抛光作品。建议将抛光速度放慢一些，以打圈的方式从坯体局部逐渐向四周延伸。其他常用的抛光工具还包括光滑的石头、抛光布、塑料袋和勺子。用上述方法抛光后，如果仍感到不满意的话，可以参考以下建议：

- 当采用拉坯成型法或者泥条盘筑法塑造好作品后，趁坯体仍处于潮湿状态时，借助肋状金属工具刮平其外表面。
- 修坯结束后，借助肋状金属或橡胶工具压紧刚刚修整过的部位。
- 在需要抛光的区域上涂抹少量植物油。这样做不但可以湿润该区域，还能使其更紧致、更平滑。
- 反复抛光，抛光的次数越多，效果就越好。
- 换一种工具重新抛光。工具越硬，压缩效果越好。

雷·博格尔（Ray Bogle）｜剥釉乐烧：一种具有牺牲精神的烧成技法

我第一次尝试剥釉乐烧以失败告终。我按照使用说明书将一种釉料和一种化妆土涂抹到作品的外表面上，升温到二者的建议烧成温度。然后将作品从窑炉里夹出来，放进还原窑室里5分钟。再之后，将作品从还原窑室里拿出来，往其外表面上浇了一点水，结果釉面纹丝不动，完全没有剥落迹象。30分钟后，我试着将作品外表面上的釉面刮下来，最后放弃了并发誓再也不尝试了。不幸的是，我经常会听到其他尝试剥釉乐烧的人说起他们的失败经历。

多年以来，我一直被剥釉乐烧作品所吸引，它们带有对比强烈的黑白纹饰和裂纹。初次尝试的失败经历让我失去了进一步尝试的勇气，直到看到大卫·罗伯茨（David Roberts）的著作《用烟作画》。我把这本书从头到尾读了一遍，决定再尝试一次。这一次我严格遵循书中的指示进行操作：使用作者的化妆土和釉料配方，将作品烧到正确的温度，然后按照书中介绍的准确用时对其进行还原处理。再之后，我将作品从还原窑室内夹出来，往坯体的外表面上倒了点水，这一次，所有的釉面都剥落了，我得到了一件外观效果十分惊艳的剥釉乐烧作品。我立刻被吸引住了，从此以后不断深入探索，对该烧成技法的理解也逐渐深入。这是唯一一种不靠釉料装饰作品的烧成方法。釉面在阻隔烟雾的同时牺牲了自己，留下既独特又随机的烟雾痕迹。

先在作品的外表面上淋一层泥浆，然后再淋一层釉料。图片由艺术家本人提供。

剥釉乐烧的基本原理非常简单：以某种方式让釉面与坯体相分离。首先，需确保作品外表面光滑且没有肌理。许多剥釉乐烧作品的外表面上都涂抹了赤陶封面泥浆并进行过抛光处理，白色坯体的外表面十分光滑平整。在素烧坯体的外表面上，涂抹或者淋一层薄薄的化妆土。这层化妆土就是剥釉乐烧能否成功的秘诀所在，将化妆土涂抹在要让釉面剥落的部位。如果没有这层化妆土，釉料就会像其他烧成方法那样牢牢地附着在作品的外表面上。化妆土干得很快，待其彻底干透后再施釉。采用涂釉法或者淋釉法为坯体施釉，然后将其晾干。采用涂釉法为作品施釉时，需确保釉层没有穿越化妆土层，不要让釉料直接接触作品的外表面。

将化妆土和釉料涂抹到作品的外表面上之后，就可以烧制了。与传统乐烧的烧成温度不同，剥釉乐烧的烧成温度大约为927℃，略低于釉料的熔

将作品从还原窑室中取出来之后，往其外表面上浇一些水。摄影师：兰德斯（AE Landes）。

融温度，但足以使釉料阻隔烟雾。温度较高时有可能导致釉料粘在作品的外表面上。烧成结束后将作品从窑炉中夹出来并放入还原窑室中，快速降温——进而使釉面开裂，并让烟雾渗入坯体的外表面。

大约5分钟后，将作品从还原窑室中取出来，立即在其外表面上浇一些水，使釉层从坯体的外表面上剥落下来。待作品冷却到可以触摸的程度后，将坯体外表面上残留的釉面及化妆土层擦掉。待作品彻底干透后，往其外表面上涂一层薄薄的蜡膏，使其呈现出柔和的光泽、柔软触感和良好的观赏性。

遵循上述操作说明并使用本书中介绍的釉料和化妆土配方，可以让操作者初次体验剥釉乐烧即获得成功。以此为基础探索其他方法，让釉料牺牲自己，烧制出完美的剥釉乐烧作品。

雷·博格尔（Ray Bogle），剥釉乐烧。图片由艺术家本人提供。

大卫·罗伯茨（David Roberts）研发的剥釉乐烧化妆土配方

3份EPK高岭土
2份二氧化硅

注意：加水调和后，混合溶液的比重应为1.21。

大卫·罗伯茨研发的剥釉乐烧釉料配方

3134号熔块	85%
EPK高岭土	15%

注意：加水调和后，混合溶液的比重会影响釉面的开裂程度。低比重=1.45（裂缝较细）；中等比重=1.65（裂缝较宽）；高比重=1.85（黏稠度太高，无法采用淋釉法为作品施釉）。

还原窑室及可燃物

在正式讲解乐烧窑及其烧成方法之前，先让我们了解一下还原窑室，因为这里就是诞生奇迹的地方。一个好的还原窑室具有以下几点特质：阻燃性能良好、尺寸适宜、有一个方便开启和闭合的盖子、闭合后的密封效果非常好，并且可以在其内部填塞干燥的可燃物。除此之外，还有一点很重要，需将还原窑室放置在靠近窑炉的位置上。将作品从窑炉中快速地夹出来后，可以很方便地放入还原窑室中。

将镀锌垃圾桶作为还原窑室使用效果非常不错。镀锌垃圾桶有各种尺寸，很容易找到，运输起来很方便，本身还有盖子。我第一次尝试乐烧时，使用的是大号垃圾桶，内部放着锯末，作品就埋在锯末中，将盖子闭合后即开始了还原烧成。当时我用这个垃圾桶还原烧制了各种各样的作品。现在的我对乐烧有了更多的了解，建议大家根据自己的作品类型及数量选用尺寸适宜的垃圾桶。与作品的体量相比，垃圾桶的体积越小，还原效果就越好。如果想让一批作品都呈现出一致的外观——假设正在创作系列型作品，希望它们看起来都一样——试着将所有作品同时放入同一个垃圾桶中烧制。

小号镀锌垃圾桶通常适用于烧制体量较小的作品，其还原效果非常理想。为了形成强还原气氛，还可以在垃圾桶内设置一个体积更小的还原窑室。先在垃圾桶里铺一层可燃物。然后，将作品放在一个木块上并用一只玻璃碗盖住作品。不要让玻璃碗碰触到作品的外表面，玻璃碗即为体积更小的还原窑室。

垃圾桶的盖子需得很好使用，盖好后能达到严丝合缝的状态。盖子盖得越严，逸出的烟雾就越少。作为还原窑室的垃圾桶固然重要，但盖子也同样重要，一个好的盖子，可以有效减少还原过程中的烟雾排放量，进而有效避免对烧窑者造成健康危害。当垃圾桶内冒出烟雾时，务必戴好防毒面具。

注意：可以通过在盖子上放置大量可燃物的方式，增强垃圾桶的密封效果。先将作品放入垃圾桶中，然后快速地将盖子上的可燃物倒在作品的外表面上，最后将盖子盖严。

在降温的过程中，垃圾桶内逸出烟雾。

需要注意的是，必须将乐烧窑和还原窑室放置在远离其他易燃材料的地方。确保将还原窑室放置在砾石、混凝土或者其他非可燃材料上。狂风肆虐时，需推迟烧窑时间。如果不能推迟烧窑的话，得采取额外的预防措施以防发生意外事故。预防措施包括准备一个灭火器、在工作场地附近放一根水管，以及根据风向仔细检查还原窑室的放置位置。

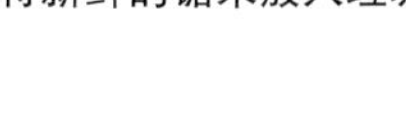
将新鲜的锯末放入垃圾桶的盖子里。

将已经冷却的作品从垃圾桶内取出后，还有轻微的烟雾弥散出来。

可燃物

准备好还原窑室等于只完成了一半工作，还需要准备一些可燃物，例如报纸、稻草、草屑和锯末。潮湿的可燃物不起作用，它们除了无法充分燃烧之外，还会在与作品相接触的部位形成球状黏结物。如果想用果皮、花朵或者其他有趣的可燃物做实验，需确保它们是干透的。也可以使用树叶和松针，但这两种材料的燃烧速度非常快且很容易产生飞灰。你可以在自家庭院里找一些合适的可燃物。除了单独使用锯末之外，建议将上述材料与锯末结合在一起使用。碎纸亦如是。这是一个处理可燃性垃圾的好机会，各类可燃物与锯末混合使用时效果最好。

注意：将彩色杂志和单色报纸作为可燃物没有任何区别。二者的燃烧状态相同，在视觉效果上没有太大的差异。唯一的区别是二者散发出来的烟味不同。

关于可燃物的填装量，其顶面最好低于还原窑室的一半高度。将小号镀锌垃圾桶作为还原窑室使用时，可燃物的填装高度为10.2 ～ 12.7 cm，让四周一圈略高一点。一旦盖好盖子后，作品可以直立为宜。

既可以将作品放在可燃物的上面，也可以将其埋入可燃物中。上述两种放置方式会呈现出惊人的差异。有些釉料适合放在可燃物的上面，而有些釉料则相反，更适合埋入可燃物中。换句话说，可以根据釉料的类型和你希望达到的还原效果选择其一。

很多人问过我这样一个问题，前次烧窑时剩下来的锯末是否可以再次使用。答案是肯定的。这样做不会对还原效果造成任何负面影响，在旧锯末的上面铺一层新鲜的锯末，仅需确保其填装量与还原窑室的尺寸相适宜即可。

乐烧窑的设计及其烧成方法

最常见的乐烧窑是礼帽窑、砖窑和垃圾桶窑。在本书中，我将重点介绍垃圾桶窑，原因是这种窑炉造价低廉，易于建造，而且烧成效果很好。

选用标准尺寸的镀锌垃圾桶作为乐烧窑。你可以到五金店里找找看。只要让垃圾桶保持干燥，就能使用很长时间。当垃圾桶坏掉时，仅需将其内部的陶瓷纤维绝缘内衬放入一个新垃圾桶中即可。虽然由垃圾桶改造的乐烧窑重量较轻，便于携带，但其缺点是效率不高。乐烧的最高烧成温度大约为1 038℃。由于垃圾桶的体积有限，内部只能放一块硼板。当硼板的使用数量超过一块时，无法获得足够高的烧成温度。只需借助轻质耐火砖支撑硼板即可。位于燃烧器端口对面的桶壁会变得很热。可以通过在燃烧器端口前面放轻质耐火砖的方式抵消一部分热量，需对其放置位置做规划。在实践的过程中，你会发现有些釉料适合放在桶身前部，有些釉料适合放在桶身后部。

建造垃圾桶乐烧窑的材料

容积为117.3 L的镀锌钢质垃圾桶（带盖子）

直径为33 cm的圆形硼板

带丙烷罐的燃烧器

长度为6.1 m的17号镍铬耐热合金丝

3 ～ 6块标准尺寸的轻质耐火砖

3 ～ 6块标准尺寸的普通耐火砖或者硬质耐火砖

斜切锯、劈锯或者手锯

厚度为2.5 cm、重量为3.6 kg的陶瓷纤维绝缘毯（注意：接触这类材料时，务必佩戴手套和防尘面具）

比镍铬耐热合金丝略粗的钻头

金属剪

老虎钳（可选）

多功能刀

硅酸钠（可选）

卷尺

永久性马克笔

尖嘴钳

3 ～ 4块木炭

直尺（可选）

热电偶

测温仪

手持式喷灯或者打火机

如果你想节省一点钱的话，可以不使用热电偶和测温仪这两种设备。对此，雷是这样解释的，他不使用上述两种设备，取而代之的是把一个06号测温锥放在硼板上易于观察的位置。当测温锥开始熔融弯曲时，就说明窑炉内部的烧成温度已经达到了理想数值。除此之外，通过观察釉料的烧成反应也可以获得很多信息。有些釉料开始起泡并散发出光泽时，就说明可以对其进行还原烧成了。在烧窑的过程中，时刻注意釉面变化，适时进行还原烧成。

建造垃圾桶乐烧窑

现在正式开始讲解垃圾桶乐烧窑的制作方法。第一步，在垃圾桶底部5 ～ 6.3 cm处作一个标记，然后切割出一个面积为10.2 cm × 10.2 cm的燃烧器孔。操作时先用钻头钻一个大洞，然后用金属剪进一步拓展其面积。Ⓐ下一步，在距离桶盖边缘约5 cm处作一个标记，然后切割出一个面积为10.2 cm × 10.2 cm的烟道孔。用金属剪切割桶壁时，一定要戴手套。金属是非常锋利的。

在烟道孔的四周各钻一组间距约为1.3 cm的小孔，将镍铬耐热合金丝从孔洞中穿过去，用于绑固陶瓷纤维绝缘内衬。在燃烧器端口四周各钻一组间距为7.6～10.2 cm的小孔。然后，以相同的间隔在燃烧器端口上方再钻两组小孔，其中一组孔洞位于桶盖上。再之后，在燃烧器端口对面的桶壁上再钻四组等距分布的小孔。最后，在桶身两侧钻相同间隔的小孔。

在刚刚钻好的一排排孔洞之间再钻四排孔（三个一组）。确保新钻的孔与原来的孔交错分布。桶盖上亦需钻一组孔。

对于桶盖而言，已经在烟道孔的四面各钻了一组孔，现在再多钻八组等距离的孔。桶盖上的孔数总量大约为40组。

切40根镍铬耐热合金丝，每根丝的长度为12.7 cm。可以用金属剪完成此项工作。把每根镍铬耐热合金丝对折成U形。U形的底部应该是平的而不是圆的。

现在开始切割陶瓷纤维绝缘毯，操作时需佩戴口罩和手套，因为这种材料会刺激手部皮肤和喉咙。将陶瓷纤维绝缘毯覆盖在垃圾桶的内壁上，包括桶底和桶顶。先从桶盖开始做起，尽可能让陶瓷纤维绝缘毯覆盖住整个桶盖。可以借助永久性马克笔在其上面做标记，用刀子沿着标记将其切割下来。陶瓷纤维绝缘毯的切割面越整齐越好，在切割的时候要尽量避免撕破它。

把桶盖翻转过来，底面朝上，将陶瓷纤维绝缘毯细致地往下压，确保其边缘与桶盖的边缘严丝合缝——每一个角落都不能落下。用镍铬耐热合金丝将陶瓷纤维绝缘毯固定在桶盖上。让镍铬耐热合金丝穿过桶盖和陶瓷纤维绝缘毯。U形镍铬耐热合金丝的两个顶端各穿过桶盖上的一个洞。

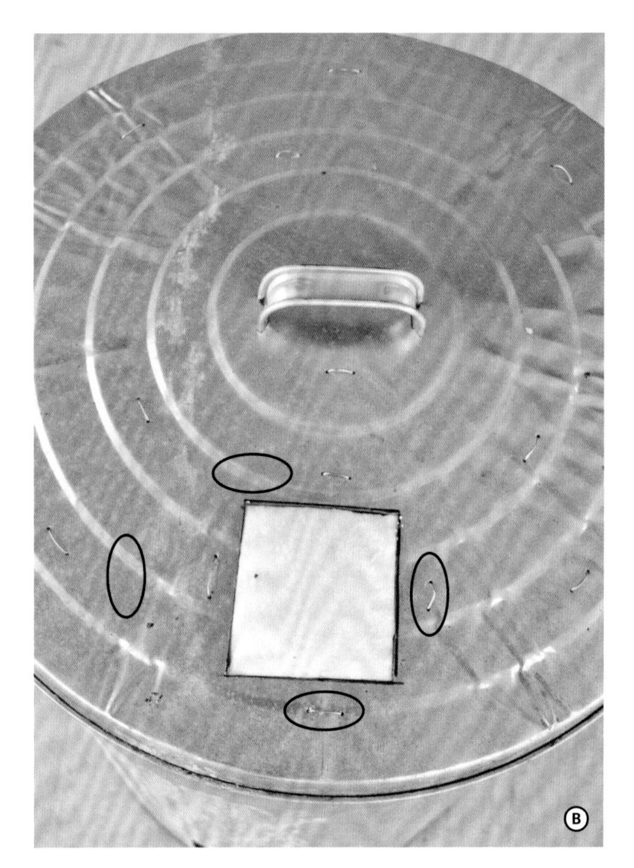

请注意烟道四周的孔，内部安装了镍铬耐热合金丝。

待镍铬耐热合金丝完全穿入后扭紧，进而将陶瓷纤维绝缘毯牢牢地固定在桶盖上。重复操作，直到将桶盖上的所有孔洞全部封堵住为止。如果仅凭手上的力气无法将镍铬耐热合金丝拧得足够紧，可以借助尖嘴钳完成上述工作，这种工具的抓地力和扭力都比手好。ⒷⒸ

最后一步，在陶瓷纤维绝缘毯上切割出烟道的位置。先在陶瓷纤维绝缘毯下垫一些东西，然后用刀子在其外表面上切一个面积为10.2 cm × 10.2 cm的孔（与桶盖上烟道孔的位置及面积完全匹配）。切好后，将靠近烟道边缘处的陶瓷纤维绝缘毯轻轻向内按压一些Ⓓ，操作时务必小心锋利的金属边。

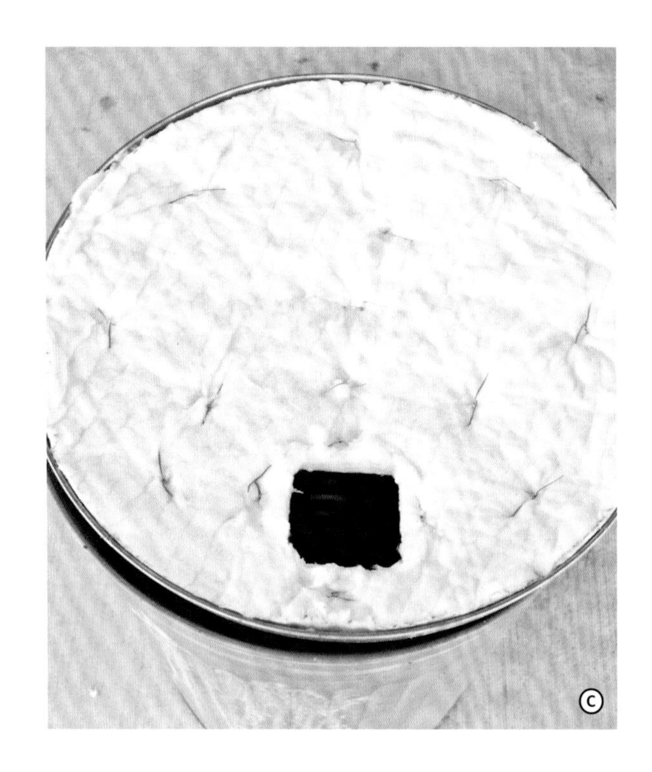

Ⓒ

Ⓓ

或者也可以在陶瓷纤维绝缘毯的四个角上各切一条短斜线，然后将两条斜口之间的部分折进去并用镍铬耐热合金丝将其绑固住。祝贺！到此刻为止窑盖就做好了！

像往桶盖内铺陶瓷纤维绝缘毯那样，先把垃圾桶竖直放在陶瓷纤维绝缘毯上，然后沿着桶底勾画出其外轮廓线。确保其面积与已经做好的窑盖面积一致（在材料的使用方面尽可能做到高效）。画好外轮廓线之后，将其剪下来并轻轻地推压到垃圾桶底部。ⒺⒻ

现在开始为桶身铺陶瓷纤维绝缘毯内衬。先将陶瓷纤维绝缘毯卷成一个卷，然后将其放入垃圾桶内。从陶瓷纤维绝缘毯的切割面开始，缓缓展开并适度调整，直到紧贴桶壁为止。陶瓷纤维绝缘毯的末端会重叠在一起。为了让其厚度均匀一致，可以将重叠的部分切掉。以接缝作为参考，选用以下两种方法中的一种对该部位进行切割。第一种，在垃圾桶内以垂直方向将其切掉。借助刀、手感和视觉，将重叠部位的长度多预留2.5 cm宽进行切割。待将多余的陶瓷纤维绝缘毯切断后，将接缝牢牢地按压在一起。预留出来的2.5 cm有助于严密地进行

Ⓔ

接缝。如果这种方法很吃力（因为得俯身在垃圾桶里进行操作），可以用长尺子在想切割的地方画一条线，然后将陶瓷纤维绝缘毯从桶身内抽出来，放在地板上切割。Ⓖ在地板上切割时，最好将直尺按压在陶瓷纤维绝缘毯上，这样做不但可以保持其平整性，还可以作为切割导向线使用（这是我首选的切割方式）。

将切好的陶瓷纤维绝缘毯重新放回桶内并将接缝按压紧实。就像做窑盖那样，把剩下的长度为12.7 cm的镍铬耐热合金丝穿过桶壁上的孔，进而将陶瓷纤维绝缘毯牢牢地固定在桶壁上。最好按照顺时针或者逆时针方向固定陶瓷纤维绝缘毯，而不是从桶壁一侧直接跳到另一侧。这样做更有利于二者间牢固贴合。当把所有部位的陶瓷纤维绝缘毯全部固定到桶壁上后，切割燃烧器端口孔。切好孔后，将燃烧器端口四周的陶瓷纤维绝缘毯轻轻向内按压一些，确保其不会挡住燃烧器端口。最后一步也很重要，为热电偶钻一个安装孔。孔的位置应该位于垃圾桶的中间或者稍稍偏上一点。不能将其位置设置在燃烧器端口的正上方。应当把热电偶安装在燃烧器端口左侧45度角的位置上。恭喜你——到此刻为止，你已经成功地将一个垃圾桶改造成窑炉了！

注意事项

用镍铬耐热合金丝绑固陶瓷纤维绝缘毯时，如果感觉后者无法与窑壁紧密贴合的话，可以在桶壁上刷一层硅酸钠，它可以起到黏合剂的作用。

如果仅靠镍铬耐热合金丝无法获得足够的牢固性，可以在其下部垫一些陶瓷垫片，这种加固方式很常见。我自己虽未使用过，但很多人喜欢这种方

Ⓕ

Ⓖ

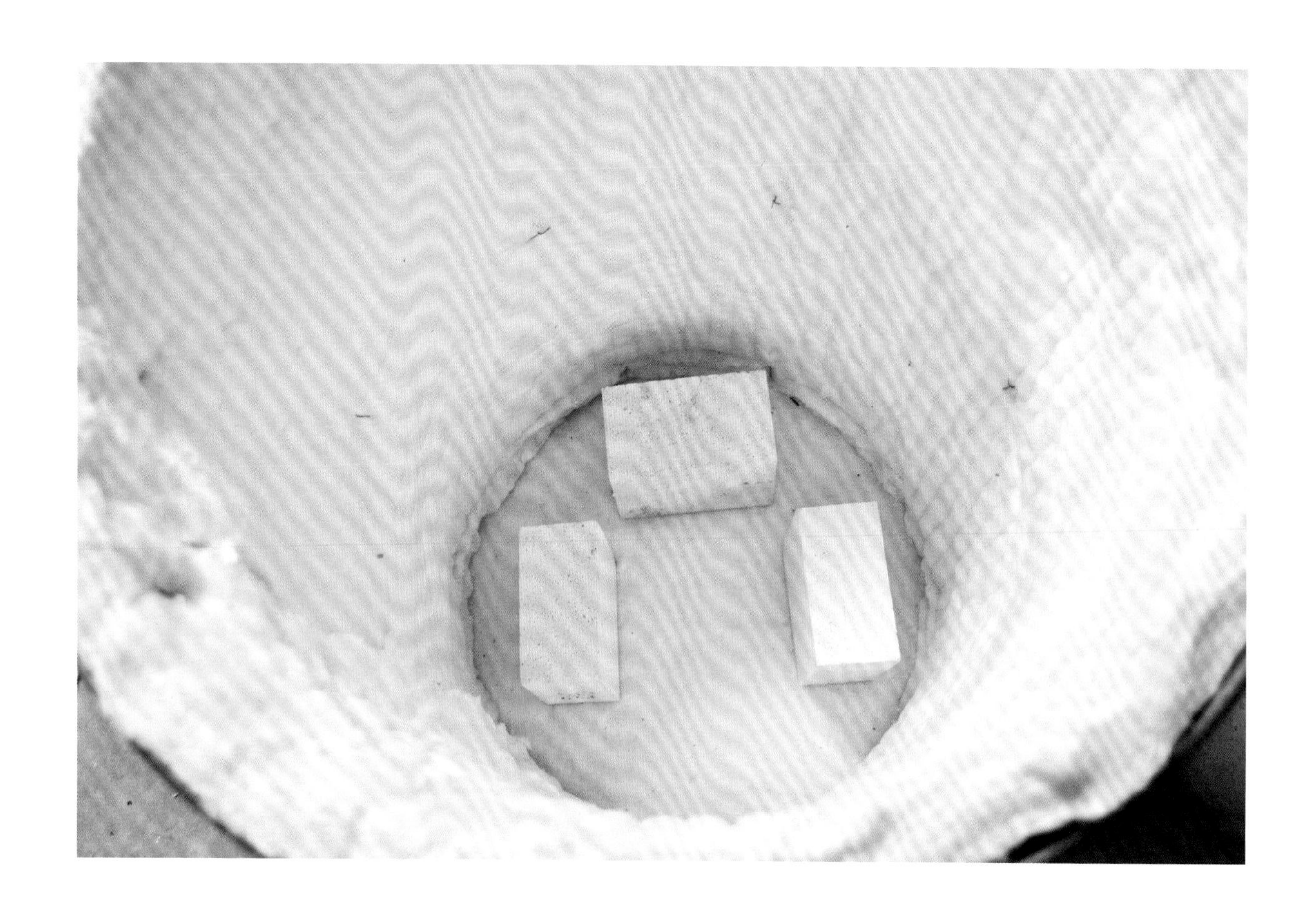

法。陶瓷垫片的直径通常约为5 cm，可以用与乐烧作品相同的坯料自制一些。

准备轻质耐火砖

将两块轻质耐火砖沿垂直方向锯成两半厚度变成原砖的一半，就可以得到四块半砖。其中的三块用于支撑直径为33 cm的圆形黏土硼板。有一点很重要，摆放这三块砖时，不要把其中一块放在燃烧器端口的正前方，如上图所示。

将剩余下来的一块砖切割成适宜的尺寸，用于装窑或用于支撑及固定燃烧器。

如果手头上没有砖锯的话，用下面这种方法切割砖块扬尘较少。我在网页上看到过一位叫作“Ves Oil Guy”的用户拍摄的视频，这也是我目前最喜欢的切砖方法：先将砖浸入水中几分钟，然后捞出并晾晒5 ～ 7分钟。干砖由此变成潮湿的砖。将砖拿起来时不滴水，切割时很少扬尘。可以用手锯、劈锯或者斜切锯切割砖块。使用耐磨的锯片切砖，因为砖会快速钝化锯片。使用电锯切砖时，一定要仔细检查，确保砖块不滴水。如果滴水的话，一定要先将砖晾至潮湿后再切割。烧窑之前，至少让砖干燥24小时。

燃烧器的安装及使用方法

除草用的燃烧器很好用，而且很容易买到。如果你想购买文丘里牌（Venturi）燃烧器的话，MR-750型和MR-100型都是不错的选择。不过，建议先试用一下较便宜的除草燃烧器，当发现它无法满足需求时，再购买较贵的文丘里牌燃烧器。我特别喜欢除草燃烧器，其使用方法多种多样。不但可以快速烘干作品，可以尝试乐烧和坑烧，还可以用它焚烧杂草。

除草燃烧器的安装要求如下：具有足够的稳定性（不会来回旋转），与地面平行，燃烧器的顶端与安装孔的两侧等距，其高度位于安装孔总高度的一半以下，与窑炉外壁之间的距离大约为2.5 cm。建议在燃烧器下垫一块轻质耐火砖。为了防止其滚动，离窑炉较远处在其左右两侧各摆放一块硬质或者轻质耐火砖Ⓐ。刮风天烧窑时，如果风影响到燃烧器或者无法在较短时间内达到预定烧成温度，可以用普通红砖或者硬质耐火砖在燃烧器端口周围筑一道屏障，以避免受到风的影响。

丙烷会在使用的过程中冷却。冷天烧窑，当气温降到大约4℃时，重量为9 kg的半罐丙烷会结冰。结冰后的丙烷会失去原有的压力，无法达到预定烧成温度。为了让它保持温暖，烧窑之前先将丙烷罐放在一个大温水桶里。在寒冷的天气里烧窑时，即使只烧一窑，也建议大家将丙烷罐放在温水桶里。Ⓑ

B

考虑因素

陶艺家们之所以喜欢柴烧及以木柴为燃料的创意型烧成，是因为可以烧制出各种各样的釉色效果。有些时候，可以得到比想象中的或者计划内更好的结果。但有些时候，也会令人感到失望。一致性只是相对的——没有两件作品的外观是完全相同的，这难道不是我们热爱手工艺术的原因之一吗？如果希望尽可能让作品保持一致性的话，就得做好工作记录，自己制备釉料时，需用数字秤精确称量各种配釉原料，测量混合原料干粉的加水量，条件容许的话，最好将作品放入同一个还原窑室中还原烧成。与此同时，也可以尽情享受作品与作品之间的微妙（或者不那么微妙的）差异，存在差异并不影响其被视为一套或者系列型作品。

乐烧窑的烧成方法

装乐烧窑时，不要把作品直接摆放在硼板上。硼板会在极短时间内变热，很容易炸裂坯体。最好在作品与硼板之间垫一些轻质耐火砖。因为乐烧窑内只能容纳一块硼板，所以想同时放置很多作品是一个难题。需要考虑将作品放在什么部位才能用火钳将其轻易地夹出来、什么部位更有利于釉料熔融，以及什么部位能与作品的整体形状完美契合。换言之，哪些作品应该放得高一点或者低一点，以便于利用空间并方便夹取。除此之外，也可以将作品靠在窑壁上，只要釉面不接触陶瓷纤维绝缘毯。

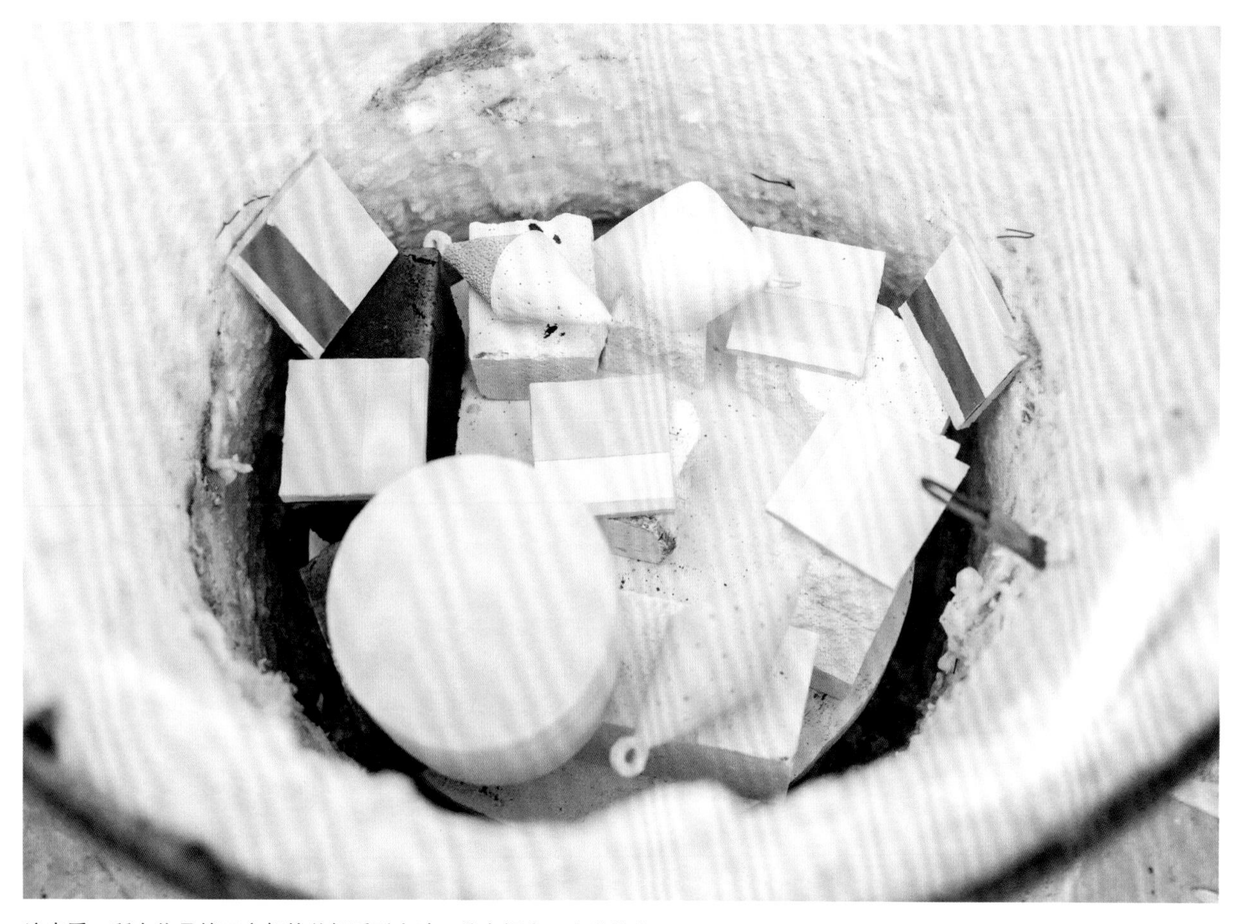

注意看，所有作品的下方都垫着轻质耐火砖，热电偶也已安装就位。

烧窑前，先将测温仪安装就位。不需要将其完全放入窑炉内，但其伸入窑炉内部的长度至少需要10.2 cm。将热电偶安装在适当的位置上，既可以用砖块支撑它，也可以用一根铁丝将其吊在窑盖上。上述方法都是有效的，只需确保测温仪不会在烧成的过程中掉落即可。测温仪与热电偶之间的导线应当远离窑炉及地面。确保在烧窑过程中方便读取热电偶上的数值并且不会妨碍到夹取作品并放入还原窑室中。在夹取作品的过程中，切勿让作品外表面接触热电偶。

升温共分为三个阶段。最关键的一点是烧成速度不宜太快！

打开供气阀。

打开燃气调节阀。

第一阶段，−17.8 ～ 260 ℃，大约需要10 ～ 15分钟，将所有材料准备就绪后就可以启动燃烧器了。

此阶段极容易爆炸，所以务必遵循操作指南。首先，检查并确保燃烧器上的所有阀门均处于关闭状态。打开窑盖及丙烷罐上的燃气输入阀。保持开启状态，借助调节阀调节燃气的输入量。将调节阀转动几圈。借助手持式喷灯或者打火机（我更喜欢手持式喷灯）点燃燃气。然后，调整燃烧器，此阶段的火焰颜色呈黄蓝交织状。

第二阶段，260 ～ 538 ℃，大约需要10 ～ 15分钟，将燃气输入阀再多转几圈，以增加燃气的输入量。

此阶段的火焰颜色呈蓝色。

第三阶段，538 ～ 1 010℃，大约需要10 ～ 15分钟，在此阶段，你可以适度加快烧成速度，但要小心不要将烧成速度提升得太快。

过量供气会导致窑炉熄火。正常情况下，火焰应当冒出窑炉顶部7.6 ～ 10.2 cm。若观察此刻釉料的烧成反应，你可以很容易地看到窑炉内部及作品的釉面。当烧成温度达到760 ～ 816 ℃左右时，釉面开始起泡。当烧成温度达到927 ～ 1 038 ℃时，将作品从窑炉内部夹出来，具体温度数值取决于釉料的类型。

夹取作品

佩戴耐热性能足够好的皮手套或者电焊手套。第一步，先将窑盖轻轻地掀开一条缝。然后，握住窑盖上的把手将其提起来，让温度较高的窑盖内侧背对人体。不要将窑盖直接放在混凝土上，应将窑盖靠在窑炉外壁上，让温度较高的窑盖内侧面向窑壁。

将炙热的作品放入还原窑室内。

借助火钳将炙热的作品从窑炉中取出来！Ⓐ夹出来之后，把窑盖盖回到窑炉上。每次夹取作品，窑炉内部的烧成温度都会明显下降。建议不要一次性的将所有作品都夹出来。最好分批夹取作品以便让窑温在夹取间隙间恢复其原有数值。这样做可以保证每一件作品均能被烧制到足够高的温度。例如，掀开窑盖，夹出几件作品，将它们放入还原窑室中，将还原窑室盖严，将窑炉的盖子盖严，重新升温，然后重复上述操作。这样做可以确保作品被烧制到足够高的温度，有利于还原烧成。

待所有作品全部从窑炉中夹出来之后就可以结束烧窑了，先关闭丙烷罐上的供气阀，让火焰熄灭，然后关闭调节阀。就像浇花园的水管一样，先关闭供水阀，停止供水，然后再关闭水管上的调节阀，水管内就没有水了。需确保先关闭主阀，确保输气管中没有燃气。

烧窑时的要点提示

谨记，窑温不宜太高，烧成速度不宜太快！如果愿意的话，可以将烧成速度适度加快一些。虽然没有特别精确的烧成速度数值参考，调节阀的开启程度取决于燃烧器的类型，但是窑温与夹取作品的时机息息相关。如果出于某种原因，不得不在烧窑的过程中离开一段时间，那么必须减少燃气的供给量并将窑温维持在较低水平，这一点很重要。如若不然，釉料就会熔融流淌并粘在轻质耐火砖上。

第一次烧窑时，如果窑炉后部比前部热太多，那么可以在硼板中心处放一块轻质耐火砖以作为挡火墙使用，这样做有利于将火焰引向窑炉中部。除此之外，还可以通过调整烟道位置的方式解决上述问题。烟道位于燃烧器端口的上方，调整其位置亦有利于窑温均匀分布。在强风地区或者刮大风时烧

窑，如果风向影响到升温及保温的话，除了在燃烧器端口四周砌筑屏障外，还可以在烟道口上安装一个小烟囱，例如咖啡罐。掀起窑盖之前，记得先把小烟囱取下来。

清洁烧好的作品

借助百洁布，洗洁精和水清洁作品的外表面。先在百洁布上蘸一些洗洁精，然后像清洗脏盘子那样擦洗作品。洗净后，将其放在一边晾干。过程很简单，不会耗费太长时间。某些釉料可能需要用力擦拭才能彻底洗干净并显露出釉面，但通常来讲都很快。待那些未施釉的作品彻底干透后，可以在其外表面上涂抹蜡液，例如保龄球跑道蜡。蜡液不仅能密封作品的外表面，还能让其呈现出良好的光泽度。

与其他类型的陶艺作品一样，可以借助下述冷处理方法装饰乐烧作品：绘画、植绒、喷砂、彩色环氧树脂等。除此之外还可以在作品的外表面上添加由木柴、金属、玻璃或者其他混合材料制成的附件。

马尾乐烧

可以尝试用马尾装饰作品。先将作品从窑炉中夹出来，然后将其放在一块轻质耐火砖上。佩戴皮手套，将几根马尾放在炙热的作品外表面上。这种方法需要反复练习后才能得到满意的效果，马尾的放置位置面积并不大。就像想象的那样，马尾在燃烧时会释放出很难闻的气味。操作之前，先将马尾放在方便取用的位置。马尾的使用数量需适宜，一次放太多马尾很难形成理想的线条纹饰，只会生成浓重的黑色。如果作品的外表面上涂抹了赤陶封面泥浆的话，由马尾形成的线条纹饰效果会更加出众。马尾乐烧不适用于施釉作品。

马尾装饰层相当脆弱。清洁作品的外表面时，需先使用软刷轻轻刷掉未粘在坯体表面上的马尾，然后喷一层透明密封胶。密封胶既有哑光的，也有亮光的，可以根据自己的喜好随意购买。重点是要购买颜色不偏黄且干燥速度较快的密封胶。操作时只需遵循其使用说明书即可。

作品赏析

所有图片均由艺术家本人提供。

英格丽德·艾利克（Ingrid Allik），《信息》，剥釉乐烧。

凯特·雅各布森（Kate·Jacobson）和威尔·雅各布森（Will·Jacobson），《流》，乐烧。

玛西娅·塞尔索（Marcia Selsor），《硬壳》，奥瓦拉（Obvara）技法。

（右图作品）凯特·雅各布森（Kate·Jacobson）和威尔·雅各布森（Will·Jacobson），《图图的花园》，剥釉乐烧。

布里吉特 · 朗（Brigitte Long），《战士》，乐烧。

伽亚（Gaya）陶瓷设计，《分子盘》，剥釉乐烧。

埃里克 · 斯登斯（Eric Stearns），《飞鸟》，乐烧。

佛罗伦萨 · 保利亚克（Florence Pauliac），《头像》（图腾系列作品），乐烧。

大卫·罗伯茨（David Roberts），《双涟漪》，乐烧。

安迪·比森内特（Andy Bissonnette），《蓝罐子》，乐烧。

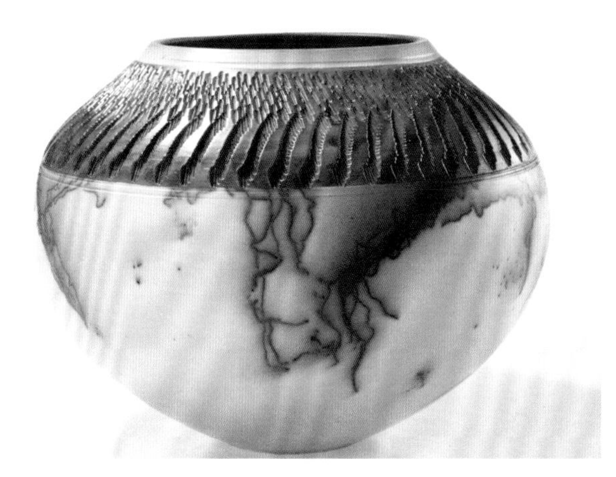

艾尔·斯考恩（Al Scovern），《喧嚣的罐子》，马尾和糖。

克尔斯廷·格伦（Kerstin Gren），《绘有赭石色纹饰的器皿》，乐烧。

第五章

坑烧和桶烧

提到坑烧，我立刻想到了居住在圣伊尔德芬索（San Ildefonso）普韦布洛村的制陶者玛丽亚·马丁内斯（Maria Martinez）和朱利安·马丁内斯（Julian Martinez）的作品。他们的纪录片我曾看过无数次，该片讲述了玛丽亚自己挖掘黏土，用闪亮的圆形石头抛光泥条盘筑的罐子，然后烧制。他们先在地面上铺一层细树枝，在树枝上放一块金属篦子，金属篦子可以起到平衡作用。他们把罐子放在金属篦子上，在罐子上覆盖细树枝、木棍、木柴，把罐子完全覆盖住。最外层是金属板，上面放着牛粪。每一层材料均具有足够的稳定性。看起来很简单，但实际上需要反复试验，经过无数次尝试和失败后才能精确掌握烧成时间、知道燃料的使用量、了解何种燃料最有效，以及尽量保证在烧成的过程中不会出现坍塌现象。他们每次烧窑时都会做记录，一次次尝试使他们知道如何正确解读窑温，以便能够根据自己想要的烧成结果，在下一次烧窑时做出适度调整。

时至今日，传统坑烧还是通过实践的方式逐代传承，与其他烧成方法相比，其技术研究似乎相对较少，原因在于“坑”的大小和结构、燃料和烧成时间安排存在太多不确定性，就某些方面而言，很难清楚地说明应该采用什么方法进行坑烧。除此之外，燃料的来源亦有局限性。本章中所谓的“坑”意思较宽泛，指的是“坑”既包括桶烧，也包括以锯末作为燃料的其他烧成类型。该词泛指下述类型的烧成方式：作品和燃料被堆放在某种结构内/坑内或者将燃料覆盖在作品的外表面上以作为窑炉使用（尽管看起来更像是明火）。虽然本章只会概述一些基本知识，但可以想象当大家“点火”之后，很快就能整理出一系列信息清单并开始在脑海中设想如何才能让窑坑和燃料更好地满足需求。

在撰写本书的时候，我惊讶地发现，许多坑烧陶艺家都采用在气窑中放置匣钵的方式使作品呈现出各种各样的坑烧效果。许多适用于匣钵的燃料亦适用于坑烧，将其放入气窑中，更有利于控制烧成时间和窑温，通常来说，烧成效果也更加稳定。鉴于此，我也会对匣钵进行介绍。

制作适用于坑烧和桶烧的陶艺作品

为坑烧和桶烧准备作品时，需考虑以下几项因素，以避免出现事故。首先，作品的器壁宜薄不宜厚，较厚的作品极易炸裂。坑烧和桶烧不适用于器壁厚实、笨重的作品，即便是将其提前素烧过也无济于事。除此之外，建议大家将作品的整体器壁厚度控制在相近的范围内。换言之，在同一件作品上不要有薄厚差异较大的部位，器壁的厚度要尽可能均匀。

带有大平底的作品比带有大圆底的作品更容易炸裂。尺寸过宽的作品也很难烧，原因是坑内的温度存在差异。可以将此类作品放在匣钵里烧，因为匣钵内的窑温相对较均匀。

封闭型作品（如带盖容器）的内部通常不施釉。如果大家想在带盖容器内部放置燃料的话，烧窑时不要将盖子盖在器皿上。对于瓶子之类的器型而言，将燃料放置在其内部时，内壁上会呈现出稍许红色。除此之外，装窑的时候，将作品水平放置或者倒扣放置，可以促进其侧壁或者内壁的吸烟量。

抛光除了可以提升作品的光泽度和光滑程度之外，还可以起到压缩黏土粒子，进而提升坯体强度的作用，可以有效减少作品的开裂现象。

适用于坑烧和桶烧的坯料

与乐烧不同，对于坑烧和桶烧而言，坯料的抗热震性是最重要的。坑烧和桶烧的烧成时间和烧成温度具有不确定性，所以烧成温度范围相对较宽。除此之外，虽然坑烧和桶烧可以在极短时间内达到预定烧成温度，但不必将作品从窑坑内夹出来。坑烧和桶烧时间短至4～5小时，长则几天。出现炸坯现象时，很难知道故障原因是所使用的坯料不适用于坑烧和桶烧，还是大家的烧成时间安排或者装窑方式欠妥。遇到这种问题时需改变装窑方式或者换一种燃料。烧窑结束时，在窑坑上盖一个盖子以减缓降温速度和保护作品不受风的影响。如果大家使用的坯料第一次烧制时就炸裂了，那就再尝试几次。每次烧窑时都要将下述重要事项调整一番，看看是否能获得更加理想的烧成效果。例如：

本次	下次
没对作品的外表面进行抛光处理	抛光
没提前素烧作品	素烧
烧窑结束时，没在窑坑上盖盖子	盖盖子
选的都是开敞形器型	选一些收口形器型
只使用了一种燃料	再添加一些其他类型的燃料

以上几项都是值得测试的重点事项。不要一次改变上述所有事项，而是要单独测试。如果所有事项均被排除了，作品仍出现炸裂现象的话，那就得换一种坯料。如果大家只想使用所在地的坯料，可以在其他方面做一些调整：将作品放在匣钵内烧、将烧成速度放慢一些、将烧成速度加快一些或装窑时少放些作品。确保器壁足够薄，质地紧实，让作品的底部尽量窄一些且带有弧度。多添加一些锯末。先在作品的顶部撒一层锯末，然后再往锯末上铺木柴。（与木柴相比，锯末的烧成速度更慢，热量分布更均匀）

如果大家想测试所在地的坯料，坑烧和桶烧是一种很好的方式。从自然界挖掘黏土，通过一系列处理手段使其具有足够的可塑性，做几个小试片，看看它们的烧成效果。有些时候，极可能就此获得一种免费的坯料，用它就能烧制出美丽且独特的陶艺作品——这也是每一位制陶者梦寐以求的事情！

可以在坯料中添加一些粒度不同的云母，如具有闪光效果的云母坯料，最知名的代表性作品当数新墨西哥普韦布洛村的坑烧陶器。很多地区都出产云母，这种材料也很容易从网上买到，网上出售各种粒度的云母。它可以让坑烧和桶烧作品呈现出美丽的闪光效果。

坯料的颜色越浅，作品的外表面越光滑（例如高岭土装饰层经过抛光处理后的状态），就越能彰显燃料中的氧化物及其他矿物的发色效果。中色调及深色坯料可以呈现出微妙的、对比效果不甚显著的外观。

瓷器坯料是唯一一种不建议大家尝试的坯料类型。虽然其售价昂贵，但在坑烧和桶烧烧成温度范围内却不会呈现出很好的效果。如果大家很喜欢瓷器的触感和外观，想用坑烧法烧制它的话，需先找到一种方法将其烧至熔融温度才好。市面上出售适用于中温及高温的瓷器坯料。

烧窑前的准备工作

在将作品放入窑坑中之前，可以借助以下方法提升其趣味性。

素烧前的准备工作

在作品的外表面上涂抹一层赤陶封面泥浆并进行抛光处理更有助于彰显烟熏纹饰。待作品达到半干程度后，再往其外表面上涂抹赤陶封面泥浆。经过素烧的作品不适用于此方法。既可以满涂，也可以局部涂，局部涂抹赤陶封面泥浆时可以将其涂抹位置设计成某种装饰纹样。这种方法可以创造出清晰的线条纹饰和微妙的过渡效果（如果泥浆和坯料的颜色一致的话）。例如前文中带盖罐子上的微妙圆点状图案。圆点图案的颜色为坯料本身的颜色，其背景色为赤陶封面泥浆的颜色。除此之外，还可以通过添加陶瓷着色剂的方式，令装饰纹样的颜色和坯料的颜色保持一致。既可以借助陶瓷着色剂创作有趣的对比色系装饰纹样，也可以借助绘画方式创作出渐变效果。

A

B

C

D

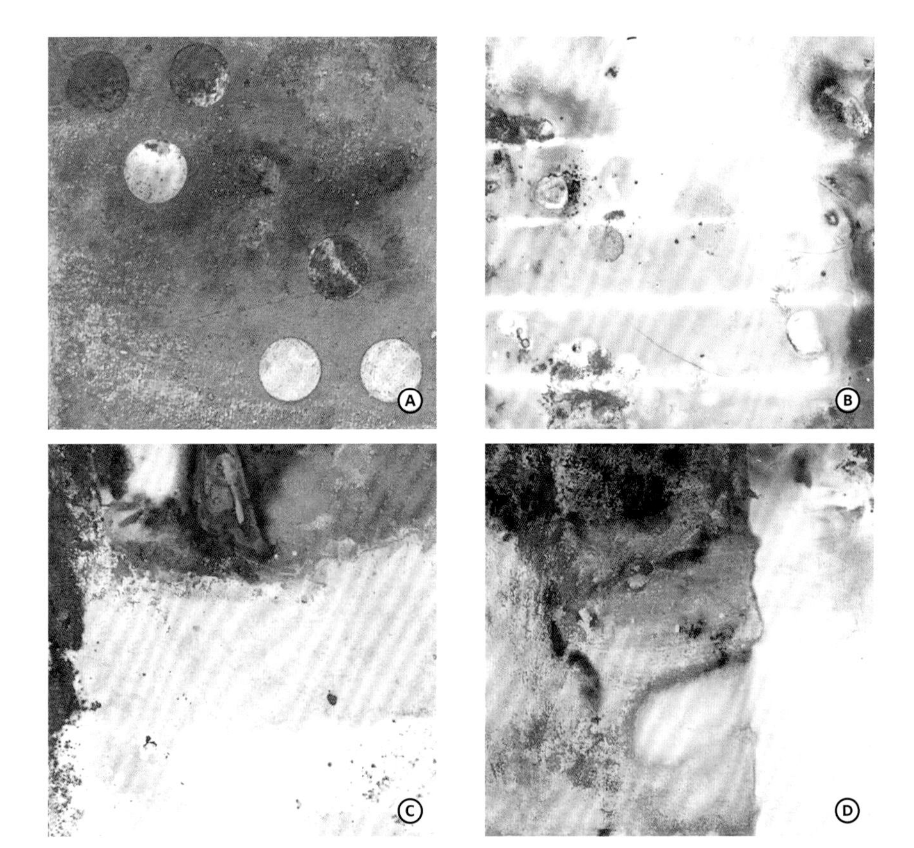

Ⓐ 擦洗硫酸铜
Ⓑ 擦洗硫酸钴
Ⓒ 擦洗硫酸铁
Ⓓ 擦洗三氯化铁

擦洗法

在对以下物质进行擦洗时，最好佩戴乳胶手套（或者其他具有防护功能的手套）。最适合擦洗法的坯料颜色为白色。在深色坯料的外表面上涂抹并擦洗下述物质时，其效果较微妙，颜色不是特别明显。需要注意的是，在作品的外表面上涂抹并擦洗硫化物及氯化物时，与其相邻的作品外表面上极有可能出现晕染现象。

硫酸铜溶液：一份硫酸铜，四份水（水的添加比例取决于个人喜好，多一些或者少一些均可）

在刷子上蘸一些硫酸铜溶液并将其涂抹在作品的外表面上。在所有适用于擦洗法的物质中，硫酸铜的效果最微妙，其外观呈灰白色。Ⓐ

硫酸钴溶液：一份硫酸钴，四份水（水的添加比例取决于个人喜好，多一些或者少一些均可）

在刷子上蘸一些硫酸钴溶液，并将其涂抹在作品的外表面上，其外观呈浅蓝色。Ⓑ

硫酸铁溶液：一份硫酸铁，四份水（水的添加比例取决于个人喜好，多一些或者少一些均可）

在刷子上蘸一些硫酸铁溶液，并将其涂抹在作品的外表面上，其外观呈浅橙色/深褐色。Ⓒ

三氯化铁溶液：一份三氯化铁，四份水（水的添加比例取决于个人喜好，多一些或者少一些均可）

蘸一些三氯化铁溶液，并将其涂抹在作品的外表面上。在所有适用于擦洗法的物质中，三氯化铁的效果最强烈，其外观呈橙色。请注意，三氯化铁会严重腐蚀衣物，燃烧时会挥发出大量烟雾，在潮湿环境中会与金属产生强烈反应。换言之，如果大家打算将涂抹过三氯化铁溶液的作品包裹在铝箔纸中烧制，在包裹之前，需确保三氯化铁涂层已经完全干透。除此之外，由于大多数刷子都带有金属把手，所以最好用海绵涂抹它。Ⓓ

在作品的外表面上缠绕铜丝，可以形成线形纹饰。

匣钵

任何一种非可燃性材料都可以作为匣钵使用，它可以在作品周围形成一道屏障。匣钵用于保护作品不受外界气氛的影响，也可以在作品周围营造一种独特的气氛，进而为其烧成效果增添一份趣味性。匣钵既可以是开敞型的，也可以是封闭型的。匣钵不仅适用于坑烧和桶烧，亦适用于所有烧成类型。本章将介绍坑烧和桶烧的基本方法及各种各样的匣钵。

采用坑烧和桶烧法烧制陶艺作品时，通常会借助铝箔纸和素烧坯体来增强擦洗物质及天然可燃物的烧成效果，外观极其微妙。只需将各种可燃物或者陶瓷着色剂撒到铝箔纸里或者先将其直接撒在作品的外表面上，然后再用铝箔纸包住作品即可。既可以将整个作品完全包裹住（封闭型匣钵），也可以只包住作品的一部分（开敞型匣钵）。采用封闭型匣钵烧制作品时，需确保其内部放置了足够的可燃物，只有这样才能使作品呈现出丰富的外观效果。由于作品被完全包裹住，作品与窑坑内的气氛被完全隔离开，所以燃料燃烧时挥发出来的烟雾不会对作品的外表面造成任何影响。

后文收录了拉塞尔·福茨（Russel Fouts）的陶艺作品，他对封闭型匣钵、开敞型匣钵及如何阻隔烟雾做了大量研究。他研发了一种装饰方法：先将剪纸纹样粘贴在作品的外表面上，然后用铝箔纸将整个作品紧紧地包裹住。粘贴着剪纸纹饰的部位会呈现出烟熏效果。

铜丝与作品的外表面挨得越紧密，线形纹饰越突出。我用尖嘴钳将铜丝紧紧地拧在作品的外表面上。

经过素烧的匣钵具有双重功能。首先，它可以让作品避免遭受快速升温的影响，升温速度快是坑烧和桶烧的特点。匣钵最先被加热，其内部烧成温度相对较均匀，于作品而言很有利。其次，可以在匣钵内填充大量可燃物。如果大家想在坑烧和桶烧过程中测试某种新可燃物并想将其与窑坑内的其他可燃物隔离开，以方便确定其烧成效果的话，那么可以将该可燃物放进匣钵中，可燃物的添加量随意，匣钵的类型（封闭型或者开敞型）亦随意。

有些时候，用于包裹作品或者放在作品周围用于强化烧成效果的可燃物亦可被称为匣钵，例如纸、天然纤维或者海藻。严格地说，此类材料并不是匣钵，原因是它们会在烧窑的过程中燃烧殆尽或者部分被烧尽。但在实践中，确实也可以将其称为匣钵。

注意：在作品的外表面上缠绕铜丝就可以形成深灰色到浅灰色的线形纹饰。铜丝与作品的外表面贴合得越紧密，纹饰越清晰。可以将各种直径的铜丝缠绕在作品的外表面上，甚至缠绕成犹如钢丝绒清洁球般的网状。

装窑方法

为什么要在介绍坑烧和桶烧之前先介绍装窑？原因是适用于坑烧和桶烧的燃料类型和烧成方法种类繁多。在正式开始烧窑之前，先将其装窑方法讲清楚极其重要。

除了锯末和木柴之外，还有很多种适用于坑烧和桶烧的燃料。正如前文中讲到马丁内斯（Martinez）在坑窑的最外层放着牛粪，传统坑烧和桶烧是与随手可得的燃料同步发展起来的。不同地区盛产不同的燃料，某些地区会因某种特殊的燃料而烧制出闻名天下的陶艺作品。这种情况时至今日亦如是：不同的燃料会烧制出不同的作品。即便是同一种燃料，每次烧窑时所产生的烧成效果亦有区别。随机尝试各种各样的燃料可以获得多种烧成效果，只有充分利用它们才能获得成功。

在评估燃料时，首先要做的是确保它们是干透的。（潮湿的燃料会在作品的外表面上形成大斑点）其次，记住盐（氯化钠）有助于提升烟雾的生成量。与碳酸铜和其他可燃物一样，在锯末中撒盐可以有效提升排烟量。食盐、岩盐和海盐均适用。既可以把盐与碳酸铜混合在一起，撒入锯末中，也可以将两者分开撒。除了在锯末上撒盐之外，还可以在窑坑内添加海藻、海带和巨藻，或者还可以先将燃料浸泡在盐水中，待其干透后再使用，上述方法都很常见。（烧窑之前，务必将所有燃料晾干）

采用坑烧和桶烧法烧制出来的作品，其外表面上的烟熏色调呈深灰色至黑色。也就是说，将作品放在锯末或者其他燃料中，可以烧制出深灰色至黑色的外观。如果大家喜欢黑色的话，可以将锯末作为燃料，或选用具有吸烟性的深色坯料制作作品（亦适用于乐烧）。另一方面，如果某些非易燃性材料接触到作品的外表面，例如用铝箔纸匣钵或者另一件作品，那么二者相邻部位不会呈现出太多烟熏效果。如果大家喜欢烟熏效果不明显的作品，可以将坯体摆放的紧密一些，或者将其放入封闭型匣钵内，以及不要在降温阶段覆盖窑坑，让烟雾彻底挥发出来。

注意：有些时候，大家非常努力地在作品周围铺撒各类燃料，想借此获得丰富的烧成效果。但当出窑时才发现，作品的外观看起来似乎并没有被上述燃料影响到。还有些时候，大家可能因为时间关系匆匆忙忙地将作品放进了窑坑，并没有在其周围铺撒什么特殊的燃料，而到了出窑时惊喜地发现，其外观效果就像星系般让人惊叹。这种不确定性也正是很多陶艺家喜欢柴烧及以木柴为燃料的创意型烧成的众多原因之一。

可以在坑烧和桶烧中试烧各种各样的可燃物、陶瓷着色剂或者其他元素（参见试烧材料清单，排位没有主次之分）。将那些颜色或者肌理令大家不满意的，以及有损实验乐趣的材料记录下来。我自己就是借助这种方法排除干扰项，进而获取有益信息的。至今为止，我还没有测试完清单内的所有材料，在坑烧和桶烧的过程中，建议大家不要站在窑坑周围，不要燃烧塑料或者其他会挥发有害气体的材料。

作为规则，刚开始测试某种材料时，先少量使用，待看到其烧成效果后，再根据大家心目中的理想效果增加其使用量。除此之外，还建议大家先将该材料使用在1～2件作品上。举例说明，如果想测试一下猫砂会对作品造成什么样的影响，可以先在一件素烧作品的外表面上撒一点锯末，然后再撒一把猫砂，确保猫砂只接触到这一件作品。为保证烧成温度均匀一致，可以将锯末放入匣钵中。相反，为了解猫砂和锯末的组合烧成效果，也可能不使用匣钵。为了更加清楚地看到猫砂的烧成效果，不应使用其他类型的坑烧和桶烧材料，例如碳酸铜和盐。或者，也可以将猫砂放在一个封闭型铝箔纸匣钵内，进而将作品与其他易燃物隔离开来。

对于坚果壳之类的材料，建议大家尽可能分别试烧。例如，先用花生壳烧窑，下一次用杏仁壳烧窑，再下一次用核桃壳烧窑。最后，可能会将不同类型的坚果壳混杂在一起烧窑，但在此之前先对每一种坚果壳所能呈现出来的细微烧成变化作以了解很有必要。

同样值得注意的是，所有的碳酸盐、硫酸盐和氯化物都具有很强的烧成反应，使用时务必谨慎操作。

可以在坑烧和桶烧中试烧的材料清单：

碳酸铜、铜丝、钢丝绒、氧化铁、香蕉皮、橙子皮、苹果皮、蛋壳、松果、松针、牛粪、猫屎、未使用过的猫砂、使用过的猫砂、混合肥料、美乐棵（Miracle-Gro）园艺公司的产品、硫酸铜、硫酸钴、碳酸钴、氯化铁、硫酸铁、干花、报纸、杂志、树叶，细枝、海藻、海带、贝壳、骨头、稻壳、泥炭、咖啡、茶、稻草、小麦、大麦、树皮、竹子、头发、干草、马粪、坚果壳、蕨类植物、竹子、水果种子、果核、猫粮、狗粮、鱼食，还有很多很多！

窑炉的设计方法

如前文所述，“坑烧”一词泛指各种类型的明火烧成*，适用于这种烧成方法的窑炉既可以是全地下结构，也可以是半地下结构或者全地上结构。下一节将概述各种各样的坑烧类型。大家会发现其品类十分丰富。我曾见过深度为61 cm的大坑窑，可以同时烧上百件作品；我还见过在地面上用烤架改造的坑窑，以及用容积为208.2 L的桶改建的坑窑。

* 译者注：此处的“坑”含义较广泛，既包括桶烧，也包括以锯末为燃料的其他烧成类型。

无论采用哪一种坑烧类型，都必须向所在地的有关部门及距离最近的消防局核实一下，确保遵守其明火烧成条例。以我居住的地区为例，这里明确规定，明火烧成时必须远离任何易燃建筑至少2.4 m，包括木栅栏在内。在夏天的几个月里严禁明火烧成，在一年中的任何季节都需获得明火烧成许可证之后才能烧窑。我的居住环境相对比较城市化，自家房子左右都有邻居。每次在后院里烧窑时，我都会通知邻居。如果他们对我的工作很感兴趣的话，我还会邀请他们来参观。（在烧窑的过程中，我和邻居们的友谊进一步加深，我强烈建议大家邀请邻居参与烧窑。毕竟烧窑时产生的烟雾很容易让邻居们心生不悦）

在烧窑的时候，需抱以“安全第一”的心态，这一点非常重要。务必穿戴具有防火功能的衣裤，在窑场附近准备一个灭火器，若条件容许的话，还要准备一根水管。以确保火灾发生时，有足够的装备控制它。

全地下式坑窑

在地面上动手挖坑之前，先检查选址处的地下构造，确保不会破坏任何特殊的地下管道：化粪池管道、电缆线管道、电线管道、天然气管道或者其他地下管道，这些管道都是连通房子不可或缺的安全设施。全地下式坑窑的优点是烧成速度较慢。与全地上式坑窑相比，全地下式坑窑的升温速度较慢，原因是地表黏土可以起到隔热作用，热量不易流失，保温时间更长。除此之外，如果大家想同时烧制大量作品的话，全地下式坑窑也是最好的选择，原因是在地面上挖坑很简单，可以自由设定其尺寸。其主要缺点是一旦挖好坑就不能再随意移动，其维护方法也比全地上式坑窑复杂得多。

当窑坑的尺寸较小时，例如面积为61 cm × 61 cm，如果有孩子或者其他人经常在坑周围玩耍的话，建议大家以某种方式为其做一个清楚的标识。当孩子们追着皮球奔跑时，上述尺寸（或者更小）的坑很容易把人闪进去。或者，也可以为窑坑制作一个盖子，不烧窑的时候把盖子盖严。

在地面上挖全地下式坑窑时，需要准备以下几种工具：

选择一块合适的地面

铁锹

打夯机或者其他用于压实窑坑的工具

用于铺设坑窑内衬的砖（可选）

由非可燃性材料制作的盖子（可选）

正式动手挖坑之前，先问自己以下几个问题：

- 我打算挖多深？将最高的作品放入窑坑中后，其顶面与地面之间的距离至少为20.3 ～ 25.4 cm。因此，假如最高一件作品的高度为30.5 cm，得将窑坑挖至50.8 ～ 63.5 cm深。最好将坑窑的深度限定在63.5 cm以内。
- 我打算挖多宽？坑窑的宽度与单次计划烧制的作品数量息息相关。其他因素还包括会有多少人使用这座坑窑和大家的烧窑频率。除此之外，院子的尺寸也会限制到坑窑的宽度。其具体宽度数值没有标准。较宽的坑窑亦被称为沟窑。
- 是否将窑壁挖成倾斜状？经过数次试烧，调整作品和燃料的堆放方式后，可能会发现位于窑坑底部的锯末层无法完全燃尽。遇到这种情况时，可以将窑壁挖成倾斜状。两种类型的坑窑较常见——窑壁倾斜的和窑壁垂直的。当窑壁呈倾斜状时，位于窑坑底部的锯末层更容易接触到空气，进而可以充分燃烧。但有一点需注意，当将窑壁挖成倾斜状后，窑炉的烧成速度会明显加快。

- 是否需要在窑坑内部铺设内衬？有些时候，可以用普通红砖、耐火砖和石头为窑坑铺一层内衬。带有砖质内衬的坑窑与没有砖质内衬的坑窑相比，前者的保温效果更好。在某些情况下，在窑坑内部铺设内衬可以有效延长其使用寿命，外观也相对更坚固。

半地下式坑窑

这种类型的坑窑与一万年前的坑窑极其相似。半地下式坑窑的优点是方便移动，适用于未经烧制的生坯，并且由于尺寸任意所以可以根据实际需要控制燃料的使用量。半地下式坑窑的缺点是对风非常敏感，很难控制其温度变化，在烧窑的过程中，需要给予更多的关注。选用半地下式坑窑烧制陶艺作品时，不建议大家大量使用陶瓷着色剂，原因是烧窑者得时不时地站在窑坑周围，而陶瓷着色剂会挥发出大量有毒气体，进而对人体造成伤害。半地下式坑窑烧制出来的作品比其他类型窑炉烧制出来的作品外观更自然。

建造半地下式坑窑时，需要准备以下几点：

一片与其他可燃物保持安全距离的操作区域

金属篦子（可选）

金属网（可选）

正式动手建窑之前，先问自己以下几个问题：

- 需要建造防风装置吗？即使所在地很少刮风，也需要考虑风向，最好将坑窑建造在一个避风的位置。烧成结束后，可以在坑窑周围垒一些金属板，以保护作品不会被风吹到，借此延缓其降温速度。

- 选址位置及其周围区域是否有可燃物？不要在长满青草、树木丛生的院子里烧半地下式坑窑。相反，只能将烧窑位置选择在黏土、砾石、沙子和其他耐热且非易燃性材料上。不要在混凝土上建造半地下式坑窑，原因是混凝土过热时会爆裂。

- 应该将其建造成何种结构？大家手头上有没有废旧的金属板或者烤架？用上述材料建造窑室保温效果很好。接近烧成结束时，在半地下式坑窑的上部放一些动物粪便有助于强化烟熏效果。既可以不采取任何措施，让窑温自然冷却，也可以通过某种构筑方式延缓其降温速度。

全地上式坑窑

最后一种是全地上式坑窑。事实上，这种类型的窑炉使用范围十分宽泛！如果你是一位业余爱好者或者兼职陶艺家，全地上式坑窑可能是最佳选择。这种类型的坑窑是目前最常见的。任何结构的现成物，例如容积为208.2 L的桶就可以作为全地上式坑窑使用（在本章的图例中，我使用了半只容积为208.2 L的汽油桶）。也可以用砖砌筑正方形或者长方形全地上式坑窑。

将陶艺作品放入桶里烧制被称为桶烧，烧成效果取决于如何铺设可燃物——锯末。桶窑的优点是方便获得建窑材料，质地较轻盈，不使用时很容易保存。除此之外，桶窑的烧成时间较短，通常仅需4～5小时，除非大家在烧窑的过程中添加了大量燃料。仅需一天就可以完成装窑、烧窑和出窑工作。桶窑的缺点是尺寸有限，材料破损后需要更换，其保温效果比不上前两种坑窑。

建造全地上式坑窑（桶窑）时，需要准备以下几种工具：

半只容积为208.2 L的汽油桶或者具有类似结构的现成物

由非可燃性材料制成的盖子（可选）

正式动手建窑之前，先问自己以下几个问题：

- 选址位置及其周围区域是否有可燃物？不要在长满青草、树木丛生的院子里烧全地上式坑窑。相反，只能将建窑位置选择在黏土、砾石、沙子和其他耐热且非易燃性材料上。不要在混凝土上烧全地上式坑窑，原因是混凝土过热时会爆裂。
- 如何让空气进入窑炉内部？对于砖砌坑窑而言，空气会顺着砖与砖之间的缝隙进入窑炉内部。随着时间的推移，大家会发现可能需要调整砖块之间的间距，以增加或者减少空气的摄入量。对于用容积为208.2 L的桶改造的坑窑而言，则需要在桶身底部每隔20.3～25.4 cm钻一个孔，以方便气流穿越。如果大家颇具工业设计才能的话，可以更巧妙地设计出适合作品风格的空气摄入结构。

在桶壁底部挖几个洞，以便于空气进入桶内，进而有助于燃料充分燃烧。

- 地面是否水平？窑壁是否齐平？如果打算用砖砌一座全地上式坑窑，那么与使用桶或者其他类似结构的现成物作为窑炉相比，前者对地面的水平要求更高。在水平的地面上更容易建造出垂直的窑壁，反过来讲，垂直的窑壁也有助于保持窑炉的整体稳定性。砖与砖之间不需要涂抹灰浆。让结构保持松散性。否则将无法根据空气的摄入量调整砖的位置，需要对窑炉的尺寸和比例进行调整时，也不方便拆除。

乔·莫利纳罗（Joe Molinaro）｜参观两个陶艺村

烧窑。摄影师：理查德·伯克特（Richard Burkett）。

将灌木作为燃料。摄影师：理查德·伯克特（Richard Burkett）。

贾顿·莫利诺（JATUN MOLINO）：一个坐落在厄瓜多尔亚马孙河上游地区的陶艺村

居住在厄瓜多尔亚马孙河上游地区的基奇瓦（Kichwa）人在露天窑坑中烧制陶艺作品，他们的坑窑由三块大原木围合而成。由于丛林中的气候十分潮湿，所以原木并未完全干透，烧窑者会将原木放在窑坑附近预热一段时间，以便为后续烧制工作做好准备。烧窑者将一个底部带洞（直径约为15.2 cm）的大碗状容器倒扣在一个更大的碗状容器上，作品就放在两只碗中。作品周围撒满木灰，木灰可以起到保温作用。烧窑者将放着作品的碗状容器放在三根原木顶端，原木及其周围较小的木柴都在燃烧。烧成时间大约为30～45分钟，在此期间，烧窑者不断地往窑坑中投放新木柴。待燃料全部燃尽，所需的烧成时间过去后，烧窑者将放着作品的碗状容器从窑坑内取出来，再将容器中的作品和灰烬取出来。接下来，烧窑者立即用树叶掸去作品外表面上的木灰，然后再将作品倒扣在碗状容器中。碗状容器底部的洞还有另一个作用，可以作为放置成品陶器的底座。趁作品尚有余温时，烧窑者会拿硬化的树液块摩擦作品的外表面。这种树液取自当地的谢尔奎洛（Shillquillo）树，树液熔融并附着在作品的外表面上，形成一道具有保护作用的光滑涂层。该涂层不仅有助于强化烧成效果，还能使作品具有防水功能。

贾图姆帕巴（JATUMPAMBA）：坐落在厄瓜多尔安第斯山脉南部的一个陶艺村

贾图姆帕巴的制陶者均为女性，她们会将作品精心地码放成一个底面积约为1.9 m^{2}的窑堆。最底层由一排排罐子组成，罐子与罐子轻轻地倚靠在一起，具有足够的稳定性，罐子底部垫着一层碎木

亚马逊地区的穆卡瓦（Mucawa）陶器。摄影师：理查德·伯克特（Richard Burkett）。

块。安第斯山脉的强风在陶艺村所在的高原上肆意吹过，在当地只有下午风势才会稍减，因此，当地的烧窑者会将烧窑时间安排在下午。先在最底层罐子的顶部放上易于点火的大树枝，然后码放三层陶罐，每层陶罐之间都需放置树枝。在窑堆底部周围放一圈经过烧制的罐子，这圈罐子可以起到控制气流和烧成温度的作用。罐子之间塞满树枝，以便为作品提供足够的热量。点火之后，火势很快蔓延开来。烧窑者一边控制窑温，一边密切观察风向。在此过程中，烧窑者会通过移动围合在窑堆底部的罐子，引导或者转移风向。除此之外，烧窑者还会根据实际情况适时调整燃料的使用量，以便保持稳定的烧成温度。待窑火均匀地蔓延到整个窑堆上，烧窑者会从四面八方投放燃料，直到整个窑堆的火势达到均衡为止。最后一种投入窑堆的燃料粒度极小，烧窑结束后，会在窑坑上留下一层细小的灰烬。烧成时间大约会持续3～4小时，具体时长取决于窑堆的大小和风力的强弱。待火势逐渐转弱后，在窑堆上覆盖一层细木灰，窑温会在夜晚时慢慢地降下来。

烧成方法

本节将概述几种常见的烧成方法及燃料的码放方法。大家可以根据个人喜好随意选用。将作品放在金属篦子上烧制，效果很不错。有些烧窑者喜欢将作品放在炉排上，因为炉排能为质地较脆弱的作品提供良好的稳定性。有些时候，当作品与地面之间有足够的空间时，将作品放在炉排上烧制更有利于空气流通。基于后一种想法，可以在坑窑底部1/4高度处用砖砌筑一个炉排，除了能让更多空气进入窑炉内部以外，还能为木炭预留出燃烧区域。在烧窑的过程中，千万不要让窑火处于无人看管的状态。即使不需要投柴，也得在窑坑附近密切关注火势。

烧成时间及烧成温度

坑窑的面积差异很大，既有0.08 m^2的洞，也有和汽车差不多大小的沟。正如前文所述，其结构既可以是全地下式的、半地下式的，也可以是全地上式的。其建造材料可以是砖、泥土和金属。虽然都是坑窑，但其烧成时间、烧成温度、烧成方法、烧成效果却存在很大区别。基于上述原因，书中只能笼统地告诉大家初次烧坑窑时可能会遇到什么情况。为明确起见，我将以自己的桶窑（容积为208.2 L）为例，概述装窑时间、烧成时间和出窑时间。待大家试烧过几次之后，就可以根据实际情况进行必要的调整，进一步对烧成时间、烧成温度和烧成效果进行实验。

一般来说，窑坑的体积越大，燃料的燃烧面积越大，燃料的使用量越多，所需要的烧成时间越长。另一方面，在相同条件下，空气的摄入量越多，烧成速度越快，窑温越高。换句话说，烧成时间和烧成温度取决于窑坑的体积，空气的摄入量，以及燃料的类型和使用量。纸的燃烧温度为233℃，干木柴的燃烧温度略高于233℃。小型坑窑的燃烧温度介于260～538℃之间。当空气摄入量十分充足时，大型坑窑的燃烧温度可以达到538℃以上。

典型的烧成情况是窑温很快达到最高温度，燃料在峰值温度下充分燃烧。当所有燃料燃烧殆尽后，火开始阴燃，然后逐渐降温。当火开始阴燃时，可以在窑坑上盖一个盖子或者将金属板、素烧坯体残片或者潮湿的黏土覆盖其上，这样做可以起

A

B

到保护作品免受冷空气侵袭，延缓降温时间，强化烟熏效果的作用。

就像篝火一样，当停止添加新木柴时，燃料会迅速燃烧殆尽。观察窑火的燃烧状态时，需留意火焰的颜色（通过火焰的颜色识别窑温。颜色越亮窑温越高）。当大家对烧成时间或者火焰的颜色感到不满意时，可以通过添加新木柴来的方式延长烧成时间。烧成时间越长，窑温越高。

以半只容积为208.2 L的汽油桶作为坑窑时，其烧成时间表如下所示：

- 30分钟：在汽油桶里铺了一层可燃物。
- 3～4分钟：将几块木柴浸入柴油中，点火。用喷灯快速点燃顶层的木柴。Ⓐ
- 2～3小时：火呈阴燃状态。汽油桶上钻了一个贯穿式的通风孔。Ⓑ
- 3～4小时：让汽油桶和作品在没有被覆盖住的情况下降温。ⒸⒹ
- 10分钟：戴上电焊手套将炙热的作品从汽油桶中取出来。Ⓔ
- 10分钟：往汽油桶里浇一点水，以确保燃料完全熄灭。

注意：初次尝试烧坑窑时，花费的时间相对较长。不要着急！慢慢来。要学会适应及享受这个过程。建议大家将烧成时间稍稍延长一点。除此之外，千万不要把手伸进炙热的窑坑里！耐心等候，温度终将冷却下来。

除烟熏之外的烧成效果

对于许多坑烧作品而言，其主要目的不是追求外表面上的烟熏效果，而是颜色。颜色和肌理取决于可燃物的铺设层次及其类型。需要注意的是，可燃物距离作品越近，越容易呈现出烟熏效果。各层可燃物之间需相互融合。

第一层：将锯末或者锯末、树叶、纸张及干草的混合物铺至7.6～10.2 cm。该层既干燥又柔软，在其上面摆放作品。Ⓐ

第二层：轻轻地撒一些碳酸铜和盐（有些人喜欢将上述材料撒在作品周围和被覆盖住的作品外表面上）。Ⓑ

第三层：现在开始摆放作品！作品之间的距离是密是疏随意。请记住，作品相接触的部位烟雾较少，一般来说，该部位的烧成效果相对更加微妙。将部分作品放在匣钵内烧制时，需考虑匣钵及未放进匣钵的作品的摆放方式。应该将作品摆放在第一层和第二层，不应该放在最上层。Ⓒ

A

B

第四层：将其他大家想试烧的可燃物和陶瓷着色剂撒进窑坑内。既可以有计划地抛撒，也可以随机抛撒。抛撒时可以参考其烧成效果照片。Ⓓ

第五层：铺一层小木块、锯末、小树枝。Ⓔ

第六层：铺一层小树枝、小木块和中等体量的木块。到此刻为止，作品已经被完全覆盖住了，其上部还能容纳最后两层木柴。大家可能注意到了，这是按照燃料的体量从小到大逐层摆放的。Ⓕ

第七层：在窑坑顶部或者窑坑的正上方铺一些中等体量的木柴。Ⓖ

第八层：这是点火的位置。在窑坑顶部额外放置一些易燃材料，有助于顺利点火。可以先将木柴、纸张及其他易燃物浸泡在易燃液体中，取出后再点火。Ⓗ

到此刻为止，坑窑已经成功建造好了，可以准备点火了！建议大家使用小型手持式喷灯或者除草燃烧器点火。这两种设备使用起来很方便，可以在窑坑周围随意移动，将窑坑顶部的两层燃料点燃。小火点会迅速蔓延开来。注意！这是在点火！在此期间，如果突然刮起的微风阻碍到点火的话，建议大家将点火时长拖延一会儿。如果大家手头上有废旧的金属板或者其他非易燃性材料的话，可以用它阻挡微风。

在不额外添加燃料的情况下，坑窑的烧成时间会持续大约4～5小时，具体时长取决于窑坑的体积。想延长烧成时间时，可以添加更多燃料，直到大家觉得满意时再将窑火熄灭。待作品彻底降至室温之后再出窑。

追求烟熏效果（以锯末作为燃料）

以锯末作为燃料追求烟熏效果，其成功的关键是减少了空气流通。可以按照与上一节中类似的方式分层铺设可燃物，其中的某些变化是为了减少空气流通。基于这一目标，全地下式直壁坑窑的烧成效果最好，尤其是砖砌坑窑。全地上式砖砌坑窑和由汽油桶改建的坑窑亦适用于上述铺设方式。只需记住一点，必须减少空气流通，在将作品放入窑坑中之前，先得在窑坑内部铺一层纸质内衬。

第一层：将锯末铺至7.6～10.2 cm。

第二层：放一些作品。不要将作品挨在一起摆放，而是要将它们嵌套在一起摆放。对于那些收口形作品而言，装窑时无法往其内部填塞锯末，那么在装窑之前就应当先将锯末塞进其内部。可以把小作品放在装满了锯末的大作品内部。在这种情况下，大作品就像开敞形匣钵一样，可以让小作品获得良好的烟熏效果。如果大家想烧一些生坯的话，最好将它们摆放在第一层，原因是底层比上层热得慢。

第三层：在作品顶部覆盖锯末，厚度为7.6 cm。

第四层：放更多作品，摆放方式与第三层一致。

第五层：在作品顶部覆盖锯末，厚度为7.6 cm。

第六层（可能还有更多层）：放更多作品，摆放方式与之前一样，继续放作品直到将窑炉内剩余的空间全部用完为止（顶部需预留15.2～20.3 cm，作为最后两层燃料的铺设空间）。

第七层（当坑窑体积较大时，也可以将其理解为第二层直至最后一层）：在坑窑顶部铺一些锯末。可以在其顶部放一些纸或者刨花，以便于点火。

第八层（当坑窑体积较大时，也可以将其理解为最后一层）：放一些纸、刨花或者树枝，以作为引火物。

盖子：盖子的使用方法有以下几种。第一种，先点火，待大火熄灭并开始阴燃后，再将盖子盖在坑窑上；第二种，在点火前盖好盖子。调整盖子的位置，让空气进入砖砌坑窑内部。当火熄灭并开始阴燃时，通过闭合砖质观火孔塞子的方式阻隔空气流通。

采用以下方式烧坑窑，可以获得类似于烟熏的烧成效果，先用手持式喷灯点燃窑坑顶层的燃料。小火点会逐渐蔓延开来。锯末的升温速度较慢，完全燃尽所需的时间较长，原因是空气的摄入量相对较少。由于使用了盖子，生成了大量烟雾，所以很难确定燃料会在什么时候完全燃尽。这种烧成方式只能静候结果。其最早结束时间为次日，在此之前不要出窑。待锯末开始燃烧时，将点火的时间记录下来，留意烟雾的消散状态，推断其最佳出窑时间。除此之外，还建议大家注意一下烧窑时的天气，气候会影响到燃料的燃烧速度及作品的降温

烧制生坯

早先时候，一般坑窑烧的都是生坯。直至今日，世界上很多地方依旧延续着这种传统的坑烧方式。烧生坯的最大风险是烧成速度太快会导致坯体开裂。

先将生坯预热一番再放入火中，这一点非常关键。鉴于此，建议大家选用露天烧成法——把它想象成篝火。先在空地上圈出一个烧成区域，然后将生坯放在距离火堆较远处。当把脚伸向火堆，鞋底即将熔化的距离便是最适宜的距离。用铁钳子夹住坯体慢慢地旋转，以此方式烘烤其外表面，并将坯体一点一点地接近火堆，最后直到完全放入火中为止（整个过程大约需要花费1～2小时）。

待坯体彻底没入火中后，在其周围持续添柴，堆成类似于三脚架或者烟囱的造型。我更喜欢烟囱形柴堆，因为木柴不易从坯体上掉落而对作品造成损伤。将上述两种造型结合在一起也是很好的办法。

除此之外，还可以尝试下列方法：将生坯放入匣钵中烧制或者以某种方式保护坯体，只要能把烧成速度降下来，让烧成温度更加均匀就可以。例如套烧，即先在尺寸较大的生坯内放一些锯末（或者其他类似的燃料），之后把尺寸较小的生坯埋进锯末中或者在生坯的周围摆一圈烧好的陶瓷残片，让它们像盾牌一样保护中间的作品。接着在其周围堆柴，堆成类似于三脚架或者烟囱的造型。最后一步，像点燃篝火那样引燃柴堆。

可以先尝试上述方法，随着经验不断累积，操作者会慢慢掌握烧生坯的窍门，然后开始尝试更长的烧成时间（可能历时2～5小时）。当火势逐渐减弱并开始冒烟时，为了加大排烟量可以往坯体上覆盖一层锯末。在此之后，烟雾逐渐消散，窑温逐步下降。祝贺！你刚刚体验了历史上最传统的烧窑方法。

速度。经过几次试烧后，大家会发现体量较小的坑窑烧成速度相对较快，体量较大的坑窑烧成速度相对较慢。将两天作为烧成时间比较合适。第一天点火，第二天出窑。

次日，当烟雾完全消散后，先检查盖子的温度，如果已降至室温的话，将盖子掀起来进一步检查作品的温度。需要注意的是，务必确保没有余烬后再出窑。当盖子或作品仍然处于炙热状态无法出窑时，需等到它们完全冷却后再出窑。

坑烧和桶烧常见问题

窑坑潮湿能否烧窑?

潮湿的窑坑不适合烧窑。锯末和较小的可燃物会因吸收水分而无法充分燃烧。正式烧窑前必须将窑坑晾干。可以在窑坑内点燃一堆篝火，让火将窑坑烘干。待其彻底干透后再装窑。

前次烧窑后残留的灰烬和未燃尽的锯末能否再次使用?

以锯末作为燃料烧坑窑时，建议大家将前次烧窑后剩余下来的灰烬和未燃尽的锯末清理干净，只留下少许，将其作为最底层（厚度为2.5 ～ 5 cm），在上面铺5 ～ 7.6 cm新鲜锯末。

点火时会遇到什么问题?

- **燃油**：不建议大家使用汽油点火。原因是它燃烧得太快、太危险。如果大家真想使用燃油，建议使用打火机里的丁烷、柴油或者煤油。不要将燃油直接浇到窑坑里，而是要选择3 ～ 4块木柴，先将其浸入燃油中，然后再将浸过燃油的木柴放入窑坑中。
- **引火物**：可以将干燥的棉绒、凡士林或者润唇膏作为引火物（上述材料很容易点着火）。其他的引火物包括揉皱的报纸、刨花和纸板。我不会将卫生纸和树叶作为引火物使用，原因是它们太轻，会产生大量飞灰。点火时将引火物放在一小块木柴下面。

- **点火设备：**正如大家在图片中看到的，我用除草燃烧器（在木柴上浇了一些柴油）点火。除草燃烧器的优点是火焰强劲，即便烧窑者距离窑坑较远，也可以轻轻松松地将火点燃。其他有效的点火设备包括手持式喷灯、打火机和火柴。最好从不同位置同时点火。

清洁坑烧和桶烧作品的外表面

只要作品的外表面上没有粘上奇怪的、未燃尽的燃料，那么其清洁工作相当简单。出窑后，先把粘在作品外表面上的所有燃料余烬刷掉。所需工具准备好后，用一块湿磨砂海绵轻轻地擦洗坯体，然后用清水将作品的外表面彻底洗干净。和乐烧作品一样，待坯体彻底干透后，在其外表面上涂抹蜡液。蜡层不仅可以让作品呈现出光泽，还有助于强化烟熏色调。推荐大家使用保龄球跑道蜡。这种蜡不但可以让作品呈现出很好的光泽度，还能起到保护作品外表面的作用。

当大家对某些作品的烧成效果不满意时，可以将其复烧一遍，但需要注意的是，其外观效果会与前次烧制后非常不同。如果大家很喜欢它现在的外观，那么唯一的选择就是花费大量时间擦洗其外表面。如果大家对某件作品的整体外观很满意，但某个局部上粘了令人不快的残渣，可以借助电动打磨工具将该残渣打磨掉。

与其他类型的陶艺作品一样，可以借助下述冷处理方法装饰坑烧和桶烧作品：绘画、植绒、喷砂、彩色环氧树脂等。除此之外，还可以在作品的外表面上添加由木柴、金属、玻璃或者其他混合材料制成的附件。

作品赏析

所有图片均由艺术家本人提供。

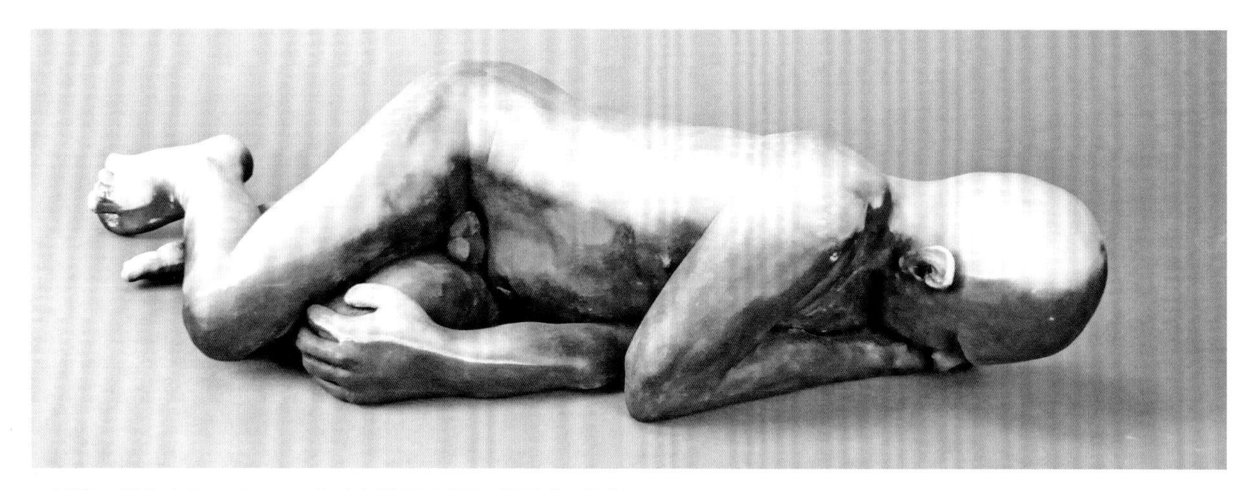

克里斯·科森（Chris Corson），《光明和黑暗同时回归》，坑烧。

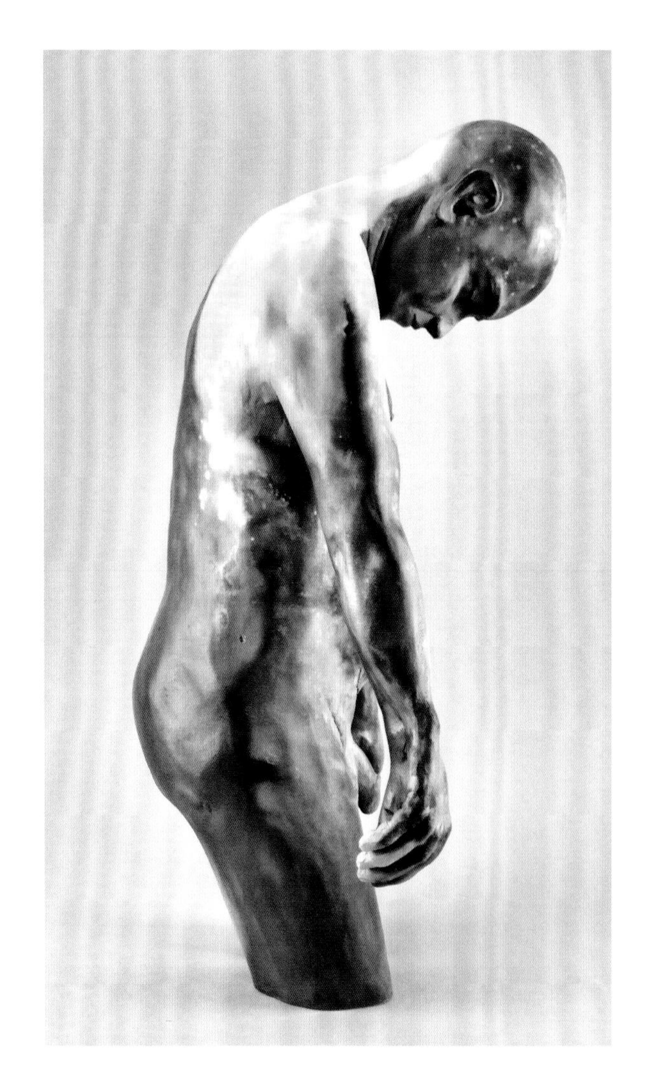

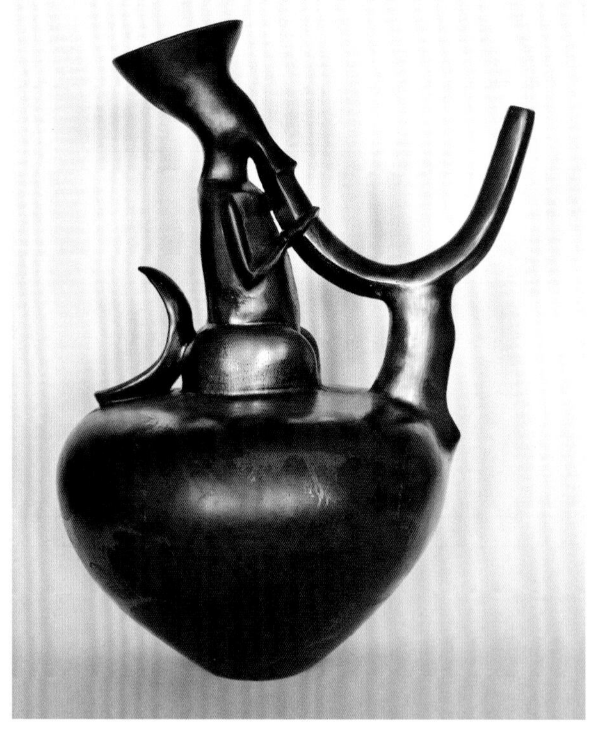

克莱夫·希索勒（Clive Sithole），《人形罐子》，匣钵烧成。

（左图作品）克里斯·科森（Chris Corson），《宇宙》，坑烧。

维吉尔·奥尔蒂斯（Virgil Ortiz），《普韦布洛人的起义》，坑烧（黑色油漆）。

维吉尔·奥尔蒂斯（Virgil Ortiz），《守望者》，坑烧（黑色油漆）。

克莱夫·希索勒（Clive Sithole），《斑驳的罐子》，桶烧。

玛西娅·塞尔索（Marcia Selsor），《回忆：每一个生命都是一本书》，锯末坑烧。

肯·特纳（Ken Turner），《带盖容器1》，锡箔纸匣钵烧成。

罗素·福茨（Russel Fouts），《无题》，电窑烟熏烧成。

迈赫迈特·图祖姆·克孜勒坎（Mehmet Tuzum Kizilcan），《十字路口》，匣钵烧成。

迈赫迈特·图祖姆·克孜勒坎（Mehmet Tuzum Kizilcan），《三部曲》，匣钵烧成。

萨迈·萨姆·吉布什（Shamai Sam Gibsh），《有机条纹》，匣钵烧成。

（左图）伊琳娜·奥库拉（Irina Okula），《匣钵残片塔》，匣钵烧成。

萨迈·萨姆·吉布什（Shamai Sam Gibsh），《圆周运动》，匣钵烧成。

第六章

深 入 探 索

富有创造性思维的同行们总能**给予我无穷无尽的灵感**。作为从事传统工艺的创客群体，我们一直致力于借助手头上的材料，探寻内心想法的表达方式，力求推陈出新。我们利用自己所在地的资源，自己挖掘黏土，改造现有材料，更新旧材料，发明新工具，汲取新信息，调整烧成方法。我们邀请其他人参与烧窑，与大家分享自己的失败和成功。我们胸怀冒险精神，将黏土烧制成具有永恒特质的陶艺作品。

解决问题可能是我喜欢创造性工作的原因之一。通过画草图、塑造小泥稿及其最终器型的方式将自己的想法付诸实践、研究新坯料、和新伙伴们一起烧新样式的窑炉，以及在窑炉中试烧新作品，在此过程中我的创造潜力得以开发，我喜欢手工制作过程中的每一个细节。本章将介绍一些简单的调整方案，大家可以在烧窑的过程中尝试它们，能在某种程度上解决一些实际问题。

除此之外，我还将从表演的角度解读烧成，介绍一些富有挑战精神的艺术家。在他们看来烧成并不是最终目的，他们眼中的窑炉并非传统意义上的形式。他们的创意和发人深省的烧成方法可能会影响到你，进而让你也萌生出想在自己的工作室或者自家后院里尝试一下的想法。谁知道呢：你极有可能从一个普普通通的尝试坑烧的制陶者变成一个艺术家！

燃料来源

有些时候，更换燃料是出于实际需求，其他时候则是出于环境因素。无论出于什么原因，它都有助于让你发现正在使用的烧成方法还能否出现其他可能性。一个极简单的调整，就可能获得更多种烧成效果。了解目前正在使用的木柴（或者锯末）类型，将同类型的木柴组合在一起使用或者另换一种新木柴，这样做有可能会改变达到预定烧成温度的木柴使用量、烧窑过程中产生的余烬层厚度，以及作品外表面上的木灰熔融效果。在高温烧成阶段，大家也可以尝试往窑炉中投放一些新鲜的未经晾晒的木柴或者先将木柴浸泡在盐或者钾溶液中，待其彻底干透后再烧窑。例如，将新鲜的未经晾晒的木柴投放到梭式窑的后部较高位置处，可以在作品的外表面上生成彩虹色外观效果，同时还能有效降低烧窑时的烟雾排放量。

在坑烧和桶烧中使用浮木的原因是，这种木柴富含盐分，能有效提升排烟量。所谓浮木，是指先将木柴浸泡在盐水中一段时间，捞出后将其彻底晾干备用。在坑烧的过程中，测试不同的撒盐方法并将其烧成效果记录下来。例如，先将盐水喷洒在锯末上，使用前将其彻底晾干，或者在烧窑之前和在烧窑的过程中将食盐、岩盐或者盐粒撒入窑坑中。

将手头上的废旧木柴作为燃料，除了可以降低烧窑成本之外，还可以生成有趣的烧成效果。有些制陶者使用木质货架烧窑，为了方便，他们会将燃烧室的尺寸设计至刚好能放入木质货架，如此一来，就可以节省出不少用于购买燃料的钱了。如果你的窑炉是一座油窑的话，可以尝试用所在地餐馆里的废油烧窑。目前市面上出售适用于这类油料的燃烧器。

已经被使用和测试过，可以生成不错烧成效果的其他燃料包括：木柴颗粒、草颗粒、竹子（富含二氧化硅）及甲烷气体（取自垃圾填埋场）。如果将视野进一步拓宽到其他行业通常使用的可回收/可再生燃料和能源的话，大家的灵感“火花”可能会被突然引燃——太阳能、风能、氢气、水力发电及厨余垃圾。上述资源听起来似乎不可行，但在很多年前，谁也没有预料到如今竟然发明出了微波窑炉。

除上述燃料之外，还可以用煤烧窑。煤在很长一段历史时期内都是作为烧窑燃料的。时至今日，由于烧煤会污染环境、会排放出有毒物质，所以很少将其作为烧窑燃料使用了。如果大家想尝试一下煤烧效果的话，可以将煤运用在坑烧中，放在匣钵里或者放在柴窑侧壁投柴孔下。

框架结构

窑炉的形状、你的作品，以及装窑模式都影响着火焰的流动路径。可以通过增加或者减少窑炉内部非支撑性结构的方式，改变火焰及灰烬的烧成效果。“挡火墙”通常建造在燃烧室与窑室之间，它具有弱化落灰效果的作用，对于那些放置在燃烧室周围的作品影响极深。挡火墙通常呈方格状，如图所示。

方格状图案具有通透性，可以在保护作品的同时让足够的热量穿越而过，不会对窑温造成巨大影响。挡火墙通常平行于燃烧室，但也可以以某种角度建造它，这样做会将火焰引向某个区域，既能起到保护其他作品的目的，又能为烧成效果增添一份趣味。上述做法亦适用于窑炉内部的其他区域，大家可以通过这种方法引导火焰或者保护作品。需要注意的是，烧成时间太长时，木灰会将挡火墙粘在窑炉地板上。如果需要时不时地调整挡火墙的位置，那么应该将其建造成容易拆卸的样式或者在砖块之间夹垫耐火材料。在坑烧中，可以制作一些外观犹如挡火墙般的开敞型匣钵，把作品放在里面可以烧制出微妙的釉面效果。改变挡火墙的厚度，亦可让作品呈现出十分有趣的烧成效果。使用比标准宽度略窄的砖砌筑挡火墙（只要具有足够的稳定性就行），可以改变其外观图案。

建造在窑炉内部的框架结构，除了挡火墙之外还有匣钵，它既能起到保护作品的作用，又能在狭小空间内营造出独特的烧成气氛。除了第四章介绍的烧成方法之外，事实上匣钵适用于所有烧成类型。例如，陶艺家帕特丽夏·肖恩（Patricia Shone）在柴窑中使用盛满木炭的封闭型匣钵。

基于上述原因，让我们了解一下在大型窑炉中使用开敞式和封闭式匣钵时还有哪些方法。使用开敞式匣钵的一个常见例子是将一件作品放在另一件作品内部。外侧的作品形同开敞式匣钵。这是装柴窑时的常见做法，效果很好，可以借此试验由不同材料制成的填充物、新坯料和其他体量较小、需要保护的作品。和挡火墙一样，可以在开敞式匣钵的外表面上开凿各种各样的孔洞，其外形和数量取决于你的烧成意图。陶艺家伊斯瑞尔·戴维斯（Israel Davis）在匣钵的外表面上开凿盾牌状孔洞，使之在保护作品的同时形成相应的装饰纹样。这种装饰纹样能成为作品外表面上的视觉焦点。面对一件作品时，我很喜欢“解读”其外表面上的细节，想通过它们了解该作品位于窑炉内部何种区域，以及其周围物体如何影响到它的外观。

无论是开敞式匣钵还是封闭式匣钵，都可以根据实际需要将其做成任意尺寸。可以通过盖盖子或者将两个相同周长的匣钵叠摞起来的方式使其密闭。使用上述两种形式的匣钵时，需要在盖子与匣钵之间，以及上下两层匣钵之间夹垫填充物或者涂抹耐火材料，以方便在烧制后将其拆卸下来。借助填充物密封匣钵时，需确保整圈填塞，只有这样才能使其内部足够密封。

在此，我还想解释一下使用填充物或者涂抹耐火材料的另一个原因。即使没有往窑炉内部投放过量的木柴，放置在匣钵里的可燃物也会增加其拆卸难度。在封闭式匣钵的盖子下涂抹耐火材料或者夹垫填充物是一个很好的习惯。这一点对于高温烧成（超过7号测温锥的熔点温度）而言尤其重要。除此之外，用耐火黏土自制封闭式匣钵时，匣钵的壁需足够厚。得将其制作成可以重复使用，具有足够的稳定性，长时间烧成时不易变形的样式才好。

便携式窑炉

便携式窑炉要么便于制作，可以在指定地点上快速建造起来，要么体量小巧，搬运起来十分方便。这种窑炉是向年轻学生介绍陶瓷及窑炉的最佳教学道具，同时也为那些由于成本或者空间限制而无法建造大型窑炉的社区提供了机会。与新社区的邻居们一起建造便携式窑炉，一起烧窑是一件极其有趣的事情。可以在建窑过程中获得知识和友谊——参与者可以创作他们感兴趣的任何作品。可以用手头上的剩余材料——黏土、黏土和沙子的混合物，或者任何可能有用的耐火材料建造便携式窑炉。虽然用这种窑炉烧制出来的作品效果也很棒，但其更有价值的一面是分享建造过程、想法及有益于社区发展。对于年轻的学生而言，便携式窑炉是一种极好的、极有趣的学习工具。

改变烧成方式

在不改变窑炉设计形式或者装窑方式的前提下，改变烧成时长、预定烧成温度或者延长降温时间，都能令作品呈现出不同的烧成效果。改变烧成方式可以让放置在窑炉内部的所有作品呈现出迥然不同的烧成效果。釉料的流动性，木灰的沉积效果，坯料的玻化程度，各种材料的发色情况均会有所改变，具体程度取决于烧成方式的改变力度。

降温环节

举一个改变烧成方式的例子，给大家介绍一下我如何借助还原降温结束烧窑。该环节让烧成总时间延长了大约6小时。如果不采取还原降温的话，我使用的坯料烧成后呈深褐色。采取还原降温后，坯料的颜色呈深灰色或者黑色。还原降温亦会改变木灰的烧成效果，使其呈现亚光特质。降温环节虽是整个烧成过程中很小的一个部分，但亦是需要不断探索和调整的领域。我喜欢还原降温所能呈现出来的多样性，作品的外观既深谙又微妙。我被该过程及其产生的烧成效果深深吸引，降温时长、作品的放置位置及其周边环境缓慢地影响着作品的烧成效果就像河床内的鹅卵石、磨损的皮革，以及古老的工业制品一样，这些东西都会因其环境而发生独特的变化。我可以借助柴烧在作品中传达类似的由时间和地点造成的变化。作品在窑炉中的摆放位置和烧成过程均会在其外表面上留下印记，观众可以从中感受陶瓷材料的特性，犹如用视觉听故事一样。

我是在烧成结束后开始还原降温的。先往燃烧室及窑炉侧壁投柴孔内投放大量木柴。然后用砖将燃烧室的门、窑炉各个部位上的观测孔、窑炉侧壁投柴孔、主通风孔、二次风通风孔砌筑起来，用灰浆封堵住所有缝隙，最后慢慢地闭合烟囱挡板。刚开始时，烟囱里的火焰十分猛烈，待烟囱挡板彻底闭合后，火焰逐渐趋于平静。在降温的过程中，当火苗不再冒出，测温仪的读数上升，或者窑温长时间停滞不前时，就可以继续投放木柴了。我通常会往燃烧室上的某一个二次风通风孔和窑炉侧壁上的某一个投柴孔里各投放一块木柴。在此过程中，我喜欢使用新鲜的未经晾晒的木柴或者高密度木柴，原因是这两种木柴可以有效降低烧成温度。一般来说，窑炉后部的烧成温度比窑炉前部的烧成温度下降的慢一些，所以在还原降温的最后阶段，我会把木柴投放到远离燃烧室的位置上。在降温的过程中，我会让窑炉内部维持还原气氛。不会让窑温超过885℃。

盐烧及苏打烧

改变烧成方式的另外一种方法是将盐或者苏打引入窑炉内部。需要注意的是，窑炉一旦摄入了一定量的盐和苏打，那么该窑炉自此之后就只能作为盐烧窑或者苏打窑使用了。原因是钠蒸汽已经渗入砖质窑炉内壁。每次烧窑的时候，砖里的钠都会蒸发出来，进而在作品的外表面上形成细微的盐釉或者苏打釉。基于上述原因，建议大家将盐或者苏打投放到交叉焰窑的后部区域，与此同时去了解现在的做法会对日后的烧成效果造成何种影响。盐和苏打具有腐蚀性，窑炉内壁会因此而损耗，所以如果大家想在自己的窑炉内尝试盐烧和苏打烧的话，得做好经常更换窑砖的心理准备。借助盐或者苏打烧制作品时，必须在作品下部夹垫填充物，以防止它们粘在硼板上。不要把盐烧窑或者苏打窑的立柱和硼板与其他窑炉的立柱和硼板摆放在一起。原因是这些窑具和窑炉内壁一样，其外表面上也残余着盐或者苏打。还应该注意一点，盐和苏打会挥发出大量蒸汽，此类窑炉不宜建造在室内。

即使没有在窑炉上为盐和苏打专门建造一个或者数个投放孔，也可以通过以下几种方式将其投入窑炉内部。就投盐而言，第一种方法是先将盐放进几个杯子中，将其泼洒到理想的区域内；另外一种方法是将窑炉侧壁投柴孔作为投盐孔，将岩盐放入一根长角钢的沟槽内，当窑温达到或者超过7号测温锥的熔点温度后，在投柴间隙之间将其泼洒到窑炉侧壁投柴孔内。除此之外，还可以将盐用报纸包起来，放在一块木柴上，像投柴那样将其投进窑炉内部。

苏打的投放方法如下：先将其溶解于温水中，

桑迪·洛克伍德（Sandy Lockwood），《潜没系列器皿》，柴烧，盐釉。

然后将溶液倒入一个容积为3.8 L的喷水壶中，最后通过窑炉侧壁投柴孔和窑炉各部位的观测孔将其喷入窑炉内部。如果大家打算尝试苏打烧的话，我建议将测温锥组件的使用数量减少一些，以便为苏打腾出更多投放位置。苏打溶液的制备方法如下：先将0.5 ~ 1.4 kg苏打粉缓慢地倒入一个容积为3.8 L的喷水壶中，用木棍不断搅拌，确保苏打彻底溶解于水中。苏打的烧成效果通常比盐的烧成效果更柔和，更具方向感。既可以在釉面上喷涂苏打溶液，也可以将其涂抹在坯体的外表面上。需要注意的是，苏打溶液具有腐蚀性，操作时务必小心。

另外值得一提的是，往窑炉内部添加盐和苏打时，会挥发出腐蚀性蒸汽，人吸入后对健康很不

丹·芬尼根（Dan Finnegan），《鸟形茶壶》，柴烧，盐釉。

利。基于上述原因，阴雨天烧窑时，如果窑炉周围的蒸汽还没有完全散尽的话，尽量不要站在窑炉旁边（不建议大家在阴雨天尝试盐烧和苏打烧）。

盐或者苏打的使用量取决于三个因素：窑炉的尺寸，窑壁的风干程度，以及想要达到的烧成效果。往一座之前从未烧过盐或者苏打的窑炉中投放上述两种物质时，其使用量通常为≥4.5 kg。日后再借助该窑烧盐或者苏打时，1.4 kg就足以获得不错的烧成效果。若想烧出经典的德国橘皮釉面效果，其使用量需≥4.5 kg。在柴窑中尝试盐烧和苏打烧之前，我在气窑里已经试烧过好多年了，每次烧窑通常都会使用1.4～2.3 kg岩盐。我对降温过程中上述两种物质所能营造出的还原及氧化气氛很感兴趣。

注意：当窑温处于较高数值时往窑炉内部投盐，通常的做法是先进行还原烧成，闭合烟囱挡板，几分钟之后再开启烟囱挡板，以便让窑炉内部的蒸汽排放出来。换句话说，投盐和升温不可兼得。

牵　引　环

如果大家想在自己的窑炉中尝试盐烧或者苏打烧的话，需要制作3～6个牵引环，其作用是在烧成过程中将其抽出，以便于观测盐烧或者苏打烧的釉面效果。牵引环由黏土搓制而成，将黏土条围成环状，直径为20～30 mm。黏土条本身的直径为6 mm，上下表面均需压平，这样做既能使其平稳地立在硼板上，又便于在烧成过程中抽出。

往窑炉内部放置数个牵引环时，需将它们交错摆放，确保视线不受阻挡，在烧窑的过程中每次只抽一个出来。往窑炉内部数次投放足量的盐或者苏打后，将牵引环从窑炉内抽出来并浸入水中冷却。牵引环的使用目的是预测作品的盐烧或者苏打烧釉面效果。根据牵引环的外观状态，决定是否要增加或者减少盐、苏打的使用量。尽管牵引环无法提供准确无误的釉面效果信息，但也不失为一种很好的预测手段。还可以用与作品相同的坯料制作牵引环，如果在很多作品的外表面上涂抹了化妆土，最好也往牵引环上涂一些。这样做可以有效提升其预测精确性。牵引环的最佳放置位置为窑炉中部区域。

从炙热的窑炉中抽出牵引环时，应当佩戴电焊眼镜及皮手套或者电焊手套。将一根足够长的细钢筋伸入窑炉中，用钢筋的末端挑住一个牵引环，小心地提起来并慢慢抽出钢筋。将二者快速浸入水桶里淬火。数秒钟后，将牵引环从水中捞出并查看其釉面效果。当大家对盐烧和苏打烧充分了解之后，可以不使用牵引环，但最好准备一两个，以确保一切都能按计划进行。翻新窑炉内壁后，最好多准备几个牵引环，原因是盐或者苏打的使用量会比之前多一些。

将烧成视为一场表演

雕塑型窑炉

学会生火和操纵火是人类发展史上最伟大的进步之一。火让人类制造工具，烹煮食物，生活在更广阔的气候环境中，改变各种自然材料的物理属性，进而繁荣起来。尽管人类使用火的历史极其悠久，但它仍然是危险和难以捉摸的，当对其失去控制时，它会烧毁大片土地和房屋，造成严重的破坏。生火是人类直至今日仍在努力掌握的原始技能。

每当我在窑炉里生起一堆火时，都会感激它的力量和美丽，我沉醉于那个瞬间。当它嘶嘶作响、砰然爆裂、在木柴上肆意舞动时，我的内心极为平静。借助柴窑烧制陶艺作品时会产生热量，会消耗体力，需要持续关注。雕塑型窑炉将人类与火的关系引向了更加深远的领域——它展示了火的不可预测性及活跃的特质。

此部分内容与本书中的其他内容不同，它能为大家尝试柴烧及以木柴为燃料的创意型烧成提供有益信息。同时，我也乐于以从广义角度诠释烧成作为本书的结尾，原因是每一个人都对烧窑报以独特的观点，其中的可能性是无穷无尽的。

烧窑者们总会开玩笑说："要是窑炉是透明的就好了。"我们想知道窑炉内部到底发生了什么，想亲眼领略火焰在作品之间疯狂舞动的画面。我曾作为观众欣赏亚历山德拉·恩格尔弗里特（Alexandra Engelfriet）烧她的雕塑型窑炉，至今为止，那是我最接近实现观看窑火愿望的一次经历。该窑炉又宽又低，由陶瓷绝缘纤维和一个金属框架制作而成，窑身上带有一个轻微的坡度。夜幕降临后，陶瓷绝缘纤维层逐渐灼热起来，可以看到火焰在薄薄的纤维层下四处游走。那种感觉就像将火焰投射到电影屏幕上一般，但比看电影的感觉还要好很多。亚历山德拉的雕塑型窑炉是专门为一件体量极大的装置型陶艺作品设计的，该作品由高岭土和红色黏土制作而成。就像她描述的那样："这件名为《混血》的装置型陶艺作品由数个部分组合而成（STARworks，NC，US，2017），窑炉就像皮肤一样与作品的形状紧密贴合在一起。窑炉的形状和尺寸取决于作品，而不是相反。"

如果大家也想尝试一下雕塑型窑炉，需采取非常谨慎的措施，并遵守所在地的规定。正如本书中介绍的艺术家们那样，可以用各种各样的材料制作窑炉。

除了要面对使用新材料和新结构所带来的实际问题之外，还需要考虑烧成方式。在建造窑炉的过程中，思考如何能为气流、烟雾及火焰提供更具趣味性的游走路径。从逻辑上讲，必须考虑窑炉的基本需求：火焰从什么位置开始流动、窑室及整座窑炉的尺寸是多少、火焰如何排出窑炉外部（是否需要建造烟囱）？除此之外，对于雕塑型窑炉而言，还得考虑如何吸引观众和如何展示火的能量。由于这类窑炉与本书中介绍的其他传统类型的窑炉区别极大，所以无法向各位读者提供可以遵循的规则，大家得遵循自己的想法。重申一下，点火之前一定要采取必要的预防措施并反复检查。

作品赏析

所有图片均由艺术家本人提供。

张立明，迷你窑。

张立明，由黏土制成的超级迷你窑。

谢尔盖·伊苏波夫（Sergei Isupov）及其助手安妮·帕特纳（Anne Partna）的工作照。

安迪·比索内特（Andy Bissonnette）改造的电窑。

乔纳森·克罗斯（Jonathan Cross），由史蒂夫·戴维斯（Steve Davis）设计建造的阶梯式柴窑。

亚历山德拉·恩格尔弗里特（Alexandra Engelfriet），一座建造在法国丛林里的坑窑，其名称为“战壕”。这座窑炉与该地区一战期间的一个战壕遗迹同名。

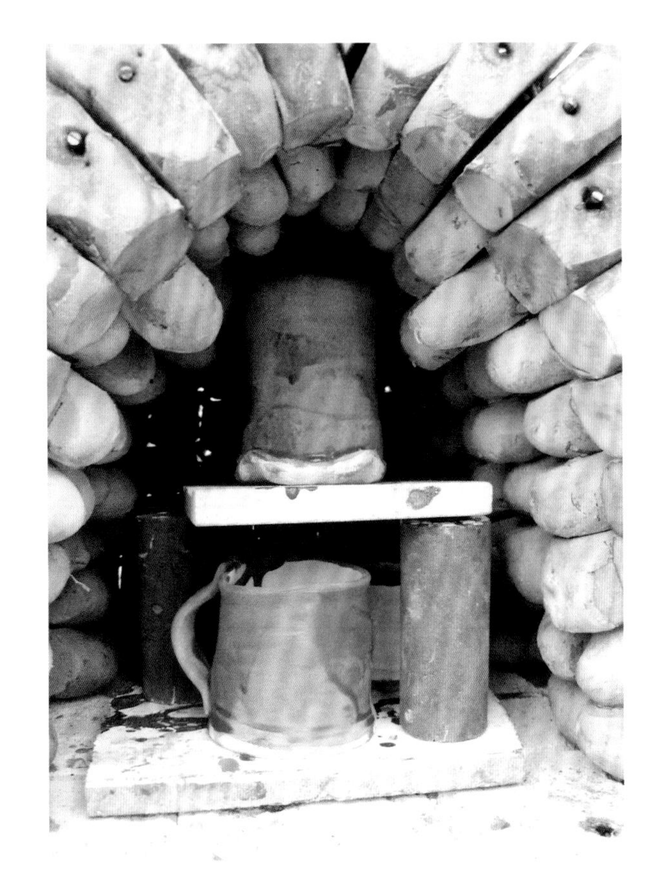

邓肯·希勒（Duncan Shearer），用冰块建造的窑炉。

（左图）邓肯·希勒（Duncan Shearer），用土豆建造的窑炉。

帕特丽夏·肖恩（Patricia Shone）｜交叉焰窑炉及匣钵烧成

帕特丽夏·肖恩（Patricia Shone），放在窑炉内的带盖匣钵。图片由艺术家本人提供。

帕特丽夏·肖恩（Patricia Shone），三件作品共享一个匣钵。图片由艺术家本人提供。

我的第一座窑炉是用一个容积为170.3 L的油桶改造的乐烧窑，燃料为瓶装液化石油气。我用它烧了20多年的窑，积累了大量实践经验。在此期间，我还买过两座小功率电窑，不需要耗费太多电就能达到陶器的烧成温度。我一直很渴望尝试烧炻器、烧柴窑。由于居住在天空岛（Isle of Skye），当地的户外狂风肆虐，我以为自己永远不会实现上述梦想。某一日，我对一位陶瓷材料供应商说出自己的想法，没想到他听到后眼睛亮了起来并说道："完全没问题的！"

当我和很多同行在402 km外多次试烧过一座小型阶梯窑后，便萌生出自己建造一座小型交叉焰凤凰窑的想法。将该窑的燃烧室尺寸作了一番调整后，将其建造在窑室的正下方，让其长度与窑室长度保持一致。这座窑炉在未经烧制的三个月间吸收了大量水分，尽管当时没有下过一滴雨。基于上述原因，我在正式烧窑的前一天将其预烧了大约3～4小时，最高烧成温度不超过400℃。预烧起到了很好的作用，仅需16小时便可达到11号测温锥的熔点温度。

我使用的燃料是当地的松木——木柴的长度为8 cm——和其他适用于柴烧的硬木。正式烧窑前，我还会在木柴内添加一大捆干透的菊芋茎，此地盛产这种植物。菊芋富含二氧化硅，能在较短时间内生成大量灰烬。我按照一定烧成方案烧该窑，当窑温达到900℃后先还原烧成数小时，之后再将窑温提升至1 050℃。除上述环节之外，窑炉内部始终保持中性气氛。我喜欢中性气氛所能呈现出来的烧成效果。

日本有一种木炭匣钵烧制法，我觉得将这种方法运用到炻器烧成温度或许可以烧制出外观微妙的单色乐烧作品。尽管窑炉很难实现还原降温，也没有人告诉我应当怎样解决这个问题。但是，我还是想试一试。

帕特丽夏·肖恩（Patricia Shone），《里格斯山》（带有腐蚀外观的35号器皿），匣钵烧成，匣钵内放置木炭，烧成温度为10号测温锥的熔点温度。摄影师：香农·托夫茨（Shannon Tofts）。

我用一种品质较差的教学黏土制作匣钵。尽管这种黏土经过几次烧制后就会出现开裂现象，但也不影响其实用性。将体量较大的作品单独放进一个匣钵，在作品与匣钵之间的缝隙里填满木炭。为了给作品增添一份趣味性，我还会往匣钵内放置一些其他类型的可燃物：当地出产的木灰、干燥的泥煤、海藻和马尾（木贼亦富含二氧化硅）。将体量较小的可燃物混合在一起，与木炭分开放置。我在匣钵的盖子下涂抹了一层锆英石窑具隔离剂，这样既能有效预防匣钵和盖子粘在一起，又能阻止氧气进入匣钵内部。在烧窑的过程中，匣钵内部呈强还原气氛，事实证明用教学黏土制作的匣钵很好用。我最喜欢的釉料是天目釉，将其喷涂在作品的外表面上并将作品摆放在窑炉内部开敞区域时，可以生成可爱的、光泽度极好的釉面。将作品摆放在匣钵中时，可以生成亚光蓝灰色，釉面接触潮湿可燃物的部位呈现锈斑状肌理，原因是釉料配方中的某些氧化铁（Fe_2O_3）在烧制的过程中被还原。

为了检测匣钵内的具体烧成温度，我曾试过将一个测温锥组件放入匣钵中，结果每一个测温锥都融熔弯曲了。

配方

本节介绍的配方，有些是按照精确比例介绍的，有些是粗略估算的（例如填充物及封堵缝隙的灰浆）。先将百分比转换为克，然后再根据剂量乘以10、100或者其他数值。我建议大家先尝试小剂量（100～300 g），确保其烧成效果就是你想要的之后再尝试大剂量。一个容积为19 L的桶，可以盛放5 000 g化妆土或者釉料。

除此之外我还想指明一点，要根据实际需求灵活运用每一种配方，可以将其浓稠度调配的稠一些或者稀一些，这取决于大家的审美、材料和烧成方法。无论何种釉料，使用之前都需过滤两遍，志野釉和苏打釉具有腐蚀性，接触上述两种釉料时需佩戴手套，徒手接触后需迅速冲洗。搅拌釉液时需全程佩戴防尘口罩。

林赛·欧斯特里特（Lindsay Oesterritter）

铁矾土化妆土

100%铁矾土

我通常会在一个容积为19 L的桶里调配这种化妆土，铁矾土的使用量大约为1/4桶，之后加入足够的水并将其搅拌至脱脂牛奶般的稠度。采用浸渍法装饰作品，厚度以刚好能覆盖住坯体的颜色为宜。铁矾土极易沉淀，在使用的过程中需要经常搅拌。

用黏土调配的化妆土

100%红艺黏土

制备方法、最佳浓稠度及厚度均与铁矾土化妆土相同。这两种化妆土的主要区别在于釉面光泽度。前者呈亚光状，后者的光泽度较高。

密封缝隙的灰浆

先在一个容积为19 L的桶里装1/2～3/4桶回收稠泥浆。借助勺子或杯子将沙子慢慢地倒入泥浆中，用手搅拌。我一般使用普通沙子，原因是五金店里就能买到，而且价格很便宜，任何一种粗沙都可以。加入足量的沙子，混合物的外观呈颗粒状（可以将其想象成去角质的东西）。沙子可以起到缩短干燥时间和降低收缩率的作用。将其混合至刨冰般的浓稠度。

填充物

先将大致等量的稻壳和普通沙子混合在一起，加入足够的黏土和水，以增强其可塑性。剂量较小时，我会在桌子上制备。在桌子上将上述材料堆成火山状，往中间倒一些水，然后将其慢慢地揉成块。在桌面上制备填充物时，即使各种材料不太湿也能获得良好的混合效果。剂量虽取决于窑炉的尺寸，但建议大家每次至少制备3/4至满桶（19 L）。若将制备好的填充物储存在一个密封良好的容器里，即便是下次烧窑时再使用也没有问题。

兰迪·约翰斯顿（RANDY JOHNSTON）研发的志野釉

39% 霞石正长岩

29% 锂辉石

29% EPK高岭土

3% 纯碱

将上述原料干粉搅拌均匀，然后加入适量的水，直到将其搅拌至奶油般的浓稠度，涂层宜薄不宜厚。

琳达·克里斯蒂安森（LINDA CHRISTIANSON）

#6型高岭土化妆土

70% #6型高岭土

15% 高岭土

10% 霞石正长石

5% 燧石

1% 膨润土

将上述原料干粉搅拌均匀，然后加入适量的水，直到将其搅拌至脱脂牛奶般的浓稠度。

志野釉（烧成温度为4号～14号测温锥的熔点温度）

42.3% F-4型长石

35% 锂辉石

5.9% EPK高岭土

9.4% 纯碱

3.5% 霞石正长石

3.5% 球土

2% 膨润土

将上述原料干粉搅拌均匀，然后加入适量的水，直到将其搅拌至浓奶油般的浓稠度。

考特尼·马丁（COURTNEY MARTIN）

黑色化妆土

泥浆	7 000
霞石正长石	3 000
黑色氧化铁	100
6600型陶瓷着色剂	350

将上述原料干粉搅拌均匀，然后加入适量的水，直到将其搅拌至稀奶油般的浓稠度。

白色盐釉

霞石正长岩	71.6
OM4型球土	4.8
白云石	23.6
硅酸锆	18.8
膨润土	4
6600型陶瓷着色剂	3

将上述原料干粉搅拌均匀，然后加入适量的水，直到将其搅拌至稀奶油般的浓稠度。

灰色盐釉（马丁调整白色盐釉配方所得）

71.6 霞石正长石

4.8 型球土

23.6 白云石

18.8 硅酸锆

4 膨润土

1.1 金红石

将上述原料干粉搅拌均匀，然后加入适量的水，直到将其搅拌至稀奶油般的浓稠度。

玛西娅·塞尔索（Marcia Selsor）

乐烧坯料配方

简·杰米（JANE JERMYN）研发的奥瓦拉（Obvara）配方

奥瓦拉技法是将炙热的作品浸入酵母和水的混合物中淬火。混合物包括：1 kg面粉、1～2包干酵母粉、1汤匙（13 g）糖和8～10 L温水。将上述材料混合好后放入一个带盖容器内，找个温暖的地方静置3天，期间需要经常搅拌。当窑温达到900℃时，从乐烧窑中夹出一个未经施釉的作品并立即浸入酵母混合物中淬火。

蒂姆·斯库尔（Tim Sgull）

锯末烧成泥浆

蒂姆将其作为坑烧隔离剂使用。装窑的时候这种泥浆还没有完全干透。

耐火黏土泥浆配方（以体积为单位）

5份耐火黏土

3份EPK高岭土

0.5份氢氧化铝

将上述原料干粉搅拌均匀，然后加入适量的水，直到将其搅拌至浓奶油般的浓稠度。

烧窑日志

日期 ______________ 参与人员 帕崔克（Patrick）、玛利亚（Maria）、鲍勃（Bob）

测温锥组件

08, 1, 3, 5 7, 8, 9, 10, 11

小时	时间	温度	测温锥	目标/记录
1	上午8点	85°F (25°C)	N/A	（第一个小时窑温总会大幅度提升。此时只要把火烧得小一些，离作品远一些就可以了。）
2	上午9点	243°F (117°C)	N/A	
3	上午10点	303°F (150°C)	N/A	

烧窑日志

日期 ______________ 参与人员 ______________________________

测温锥组件

小时	时间	温度	测温锥	目标/记录

致谢

刚开始撰写此书时，我在柴烧方面的经验知识比在乐烧和坑烧方面的经验知识更丰富一些，所以对前者更有信心一些。我很喜欢本书中介绍的各种以木柴为燃料的创意型烧成。如果没有“艺术家专栏”中各位艺术家们慷慨传授其专业知识，我不可能学到这么多，书中的内容也不可能这么丰富多彩。和各位一起钻研陶艺令我受益匪浅，我的知识面更加宽广了。谢谢大家！

特别感谢雷·博格尔（Ray Bogle）允许我试烧窑炉，使用工作场地，邀请我参与重建垃圾桶乐烧窑。感谢你在知识、时间和场地方面的慷慨付出。感谢阿伯拉姆·兰德斯（Abram Landes）为本书拍摄照片，将烧成过程中的每一个动人细节全部捕捉下来，即便是在凌晨时工作也任劳任怨。很高兴能与你一起工作。感谢桑塞·科布（Sunshine Cobb）推荐我撰写本书，在我信心不足时支持、鼓励我。感谢编辑托姆·奥赫恩（Thom O’Hearn）帮助我克服写作和编辑过程中的种种困难，感谢你大力扶植手工艺书籍。感谢英国夸托（Quarto）出版集团的其他工作人员，感激大家持续支持高质量的陶艺书籍并允许我在此领域献上一份绵薄之力。

感谢约翰·尼利（John Neely）教授为此书撰写序，感谢您多年来的支持、指导和友谊。感谢我所有的老师及社区里的朋友们。大家不断地激励我尝试新事物，挑战自己的极限，努力成为一个更好的制陶者。感谢我的妈妈艾比（Abbie）一直支持我的事业。感激您无数次长途跋涉来参加我和同行们的展览开幕式，收藏大家的陶艺作品。

特别要感谢的是我的丈夫杰森·沃肯（Jason Vulcan）。我在工作室内写这封感谢信的时候，你正陪着我们的两个孩子：里弗（River）和迈卡（Micah）在楼上玩耍。感谢你让我心无旁骛地创作作品，每当我要外出工作、烧窑或者参加各种活动时，你的回答总是“放心去，这里有我”。毫无疑问，没有你的爱、尊重和支持，这一切都不可能实现。感谢两个孩子理解妈妈的工作，即便是我浑身是泥地回到家中，也能受到你们的热烈欢迎。